"SHIZHUANG" PAI YANMAI BAOJIANPIAN DE YANFA JI FAZHAN

"世壮"牌燕麦保健片的研发及发展

◎ 郑殿升　主编

中国农业科学技术出版社

图书在版编目（CIP）数据

“世壮”牌燕麦保健片的研发及发展 / 郑殿升主编. --北京：中国农业科学技术出版社，2023. 12

ISBN 978-7-5116-6436-5

Ⅰ. ①世… Ⅱ. ①郑… Ⅲ. ①燕麦—疗效食品 Ⅳ. ①TS218

中国国家版本馆CIP数据核字（2023）第 179856 号

责任编辑 王惟萍
责任校对 王 彦
责任印制 姜义伟 王思文

出 版 者 中国农业科学技术出版社
北京市中关村南大街 12 号 邮编：100081
电 话 （010）82106643（编辑室） （010）82109702（发行部）
（010）82109709（读者服务部）
网 址 https://castp.caas.cn
经 销 者 各地新华书店
印 刷 者 北京地大彩印有限公司
开 本 165 mm × 236 mm 1/16
印 张 5.75
字 数 100 千字
版 次 2023 年 12 月第 1 版 2023 年 12 月第 1 次印刷
定 价 53.80 元

《“世壮”牌燕麦保健片的研发及发展》编委会

前言

PREFACE

“世壮”牌燕麦保健片从创始至今已经40年了，本著作记述了国家批准为保健食品的“世壮”牌燕麦保健片的创始和发展历程，共分三章内容进行介绍。第一章主要记述在创始人陆大彪先生主持下“世壮”牌燕麦保健片的创始，喜获国家批准生产。第二章介绍“世壮”牌燕麦保健片的投产及发展，1988年喜获国家注册商标，并开始批量生产，1999年年产量达10万kg。第三章叙述“世壮”牌燕麦保健片的新发展，进入21世纪以来，通过加大科技投入，选用了专用品种，建立原料生产基地，并实施了三级种子田措施，使“世壮”牌燕麦保健片的年产量从10万kg增加到150万kg，并计划用5～10年时间，将年产量提高至300万～500万kg。

此前“世壮”牌燕麦保健片的创始及发展历程尚无一个完整的记述资料。鉴于此，笔者编写了《“世壮”牌燕麦保健片的研发及发展》一书，并以此书作为“世壮”牌燕麦保健片创制40周年的礼物。在编写过程中，赵炜、那清辰、吕南、常江等同事提供了大量资料，本著作是大家共同努力的结果。

2021年是中国的牛年，愿“世壮”牌燕麦保健片牛气冲天，年年提升，为人类健康作出新贡献。

编　者

2021年10月

CONTENTS

目录

北京特品降脂燕麦开发有限责任公司 历届经理

第一任　陆大彪

第二任　赵　炜

第三任　白建军

第四任　杨　鹏

北京特品降脂燕麦开发有限责任公司 顾问团队

卫生部原首席健康
教育专家　洪昭光

中国农业科学院作物科学研究所
作物种质资源专家　郑殿升

中国农业科学院作物科学研究所
生物化学专家　吕耀昌

河北省张家口市农业科学院
燕麦育种专家　田长叶

中国作物学会医用作物协会第一任主任郭普远在张家口坝上“世壮”牌燕麦保健片原料生产基地考察燕麦生长情况

中国作物学会医用作物协会第二任主任洪昭光做健康教育讲演

“世壮”牌燕麦保健片系列产品

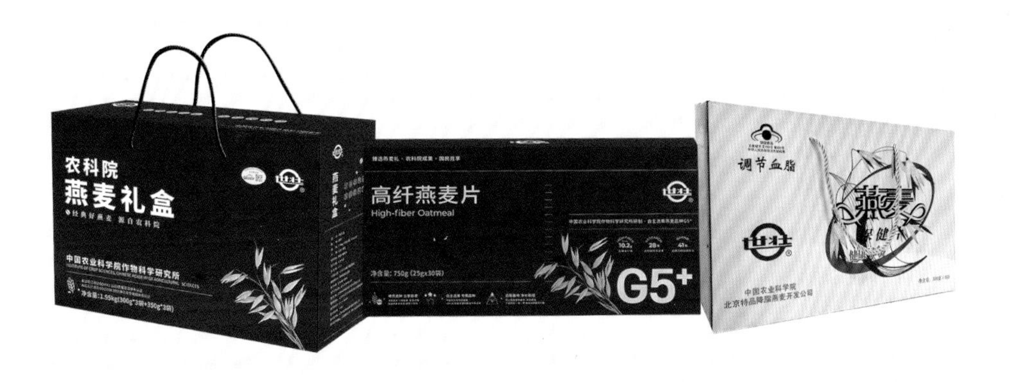

“世壮”牌燕麦保健片系列产品礼盒

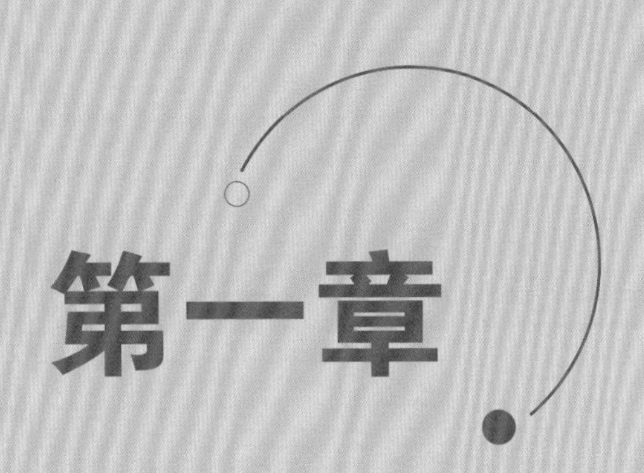

第一章

“世壮”牌燕麦保健片的创始

“世壮”牌燕麦保健片创始于1981年，创始人是陆大彪（曾用名陆明奇）先生，1959年，陆大彪毕业于山西农学院农学系，毕业后被分配到山西省右玉县农业局任技术员。因为右玉县主要粮食作物是燕麦（当地称为莜麦），所以他主要从事燕麦研究，如燕麦育种、栽培及轮作倒茬等。他孜孜不倦、埋头苦干，与燕麦科研领域的同事共同努力，经过联合试种筛选出燕麦品种华北1号和华北2号，在当地广泛种植，为农民获得了巨大经济效益，从而他也得到了当地农民的喜欢。

陆大彪先生在田间观察燕麦生长情况

1978年中国农业科学院新成立了作物品种资源研究所，其中设立了麦类品种资源研究室，但是缺少燕麦科研人员。当时通过陆大彪的大学同学耿兴汉（当职该所科研处处长）的介绍，陆大彪于1979年10月调入作物品种资源研究所麦类研究室。从此陆大彪开始从事燕麦品种资源研究，进行了燕麦品种资源收集、鉴定、编目、繁种入库研究，同时开展了燕麦科技产品的研发，在我国燕麦科学领域取得了优异成绩，并作出了突出贡献。

第一节　猜想变现实，决心研发燕麦保健片

陆大彪在从事燕麦研究中，始终思考着一个令他疑惑的问题，那时他在山西省右玉县工作，当地人民一年四季唯一的主食就是燕麦，副食是野生的大头菜和盐泡土豆丝，数月不闻荤腥，甚至饮水都非常困难。就是在这种生活条件下，绝大多数人身体健壮，并且长寿者很多，年过花甲仍黑发浓密，

高血压、冠心病甚为少见。陆大彪亲身经历也如此，他原来身体较弱，后来，长期食用这粗糙的燕麦，慢慢地强壮起来了，他猜想这种情况是否与当地人们常食用燕麦有关系？燕麦中到底有着什么神奇的成分？

陆大彪调入中国农业科学院作物品种资源研究所后，在从事燕麦品种资源收集、保存、繁种、编目入库的同时，还对燕麦的特性进行研究，特别是燕麦子粒的品质鉴定分析。根据亲身实践并带着上述猜想，他查阅了大量有关书籍和资料，发现了美国和欧洲一些科学家认为食用燕麦对人体健康有益的报道，并且以食用燕麦片效果最好。这些科学家认为食用燕麦比食用其他粮食对人体有益的原因是，燕麦富含不饱和脂肪酸和可溶性纤维。并且进一步得知，食用燕麦可治疗高脂血症患者，降血脂的成分是燕麦中的亚油酸，这些科学家的研究成果证明了陆大彪的猜想是正确的。

陆大彪得知自己的猜想是正确的之后，他怀着激动而愉快的心情，下决心从事燕麦保健片的研究。

第二节　“世壮”牌燕麦保健片的研发

陆大彪先生凭着他对燕麦具有保健功能，特别是降血脂作用的信念，孜孜不倦地追求，从1980年开始，他便骑着自行车不顾严寒酷暑而四处奔走，向大学教授、医学专家、政府官员宣讲燕麦食品的各种功能，以及开发燕麦保健食品的重要意义。但此时却传出了闲言碎语：“搞燕麦片研究是不务正业。”甚至，还有人冷嘲热讽：“把燕麦圆粒压成扁片，能有什么成果？”但是陆大彪对这些言论毫不在意，反而更加坚定了他的决心。

一、燕麦保健片研发课题和协作组的建立

由于陆大彪对研发燕麦保健片的执着，以及对大众健康的关注，他得到了单位领导的支持，也得到了有关生物学专家和医学专家的信任，于1981年开始了燕麦降脂研究课题，并成立了燕麦降脂作用研究协作组，该协作组的

参加单位见表1。

表1　燕麦降脂作用研究协作组参加单位*

参加单位名称	参加单位名称
中国农业科学院作物品种资源研究所	天坛医院
协和医院	北医三院
中国农业科学院门诊部	北京市积水潭医院
中医研究院西苑医院	友谊医院
中医研究院广安门医院	北京市第二医院
北京中医学院附属第一医院	北京市第六医院
北京市心肺血管医疗研究中心	宣武医院
北京市海淀医院	北医人民医院
北京市公安医院	北京市第一传染病医院
北京医院	

二、供试燕麦品种的筛选和利用

该研究课题的工作人员当时了解到燕麦降血脂的有效成分是燕麦中的亚油酸，于是首先要选择亚油酸含量高的燕麦品种作为研究材料。陆大彪将作物品种资源研究所收集保存的702份裸燕麦品种做了品质分析，该研究是在北京粮食科学研究所检测组完成的，检测人员是刘志同和宋玉兰。与此同时，中国农业科学院作物品种资源研究所品质分析室也鉴定分析了800多份裸燕麦的各种成分含量。陆大彪根据检测结果，筛选出7个亚油酸含量高的品种：武川（内蒙古）、9-1-1、定西老裸燕麦（甘肃）、昔阳（山西）、五寨三分三、华北2号、晋燕一号。陆大彪将这7个品种同在全国7个燕麦种植区试种，以选出最适合这些品种生长和提高降脂有效成分的生态区，最终选中了山西右玉县和河北张家口坝上地区，这为燕麦降脂研究提供了可靠的原料保障，燕麦降血脂作用研究协作组利用上述7个高亚油酸品种中的华北2号和五寨三分三做降血脂研究。

*　本书出现的医院名称与附录4　科学技术鉴定证书中提及的医院名称保持一致。

三、临床试验和动物观察降脂效果

陆大彪深知要验证燕麦所含有效成分的降血脂功效，必须通过医院的临床验证和动物观察，于是他联系了18家医院协同开展燕麦保健功能的研究，开创了农学和医学共同研究的先例。参加协同开展燕麦保健功能研究的18家医院，基本上是燕麦降脂作用研究协作组的成员（见表2）。参加此项研究的单位还有北京大学生物系、山西大同星火制药厂、中央民族大学等。

表2　参加燕麦保健功能研究的18家医院

医院名称	医院名称
北京心肺血管医疗研究中心	北京中医学院东直门医院
北京市海淀医院	中医研究院广安门医院
北京医院	北京市第二医院
协和医院	北京市公安医院
北医三院	北京市第一传染病医院
北医人民医院	北京市同仁医院
中医研究院西苑医院	天坛医院
北京市积水潭医院	友谊医院
宣武医院	北京市第六医院

以上参加燕麦保健功能研究的各单位，从1981年开始至1985年结束，分期分批进行了三轮临床试验，也有的用兔和鼠做了四轮观察试验，纷纷发表了试验报告约20篇（见《燕麦降脂研究》①），这些报告得出结论一致认为燕麦具有保健功能，特别是降血脂作用明显。

（一）动物试验观察结果

（1）大白兔组：试验组用高脂饲料加燕麦饲喂大白兔，对照组用高脂饲料加普通饲料饲喂。饲喂3个月后结果显示，试验组的胆固醇从十几毫克升高到100多毫克；而对照组的胆固醇则升高到600多毫克，两者相差400多毫克，这些数据充分说明燕麦抑制胆固醇升高的作用十分明显。

① 洪昭光，2010. 燕麦降脂研究[M]. 北京：中国农业科学技术出版社.

（2）大白鼠组：试验观察分为4组，普饲正常组、高脂对照组、安妥明预防组、燕麦预防组。给食（药）每天一次，给食（药）20天后结果显示，燕麦与安妥明一样，均能显著地阻止进食高脂大白鼠血清总胆固醇、甘油三酯、β-脂蛋白的升高。3项血脂水平分别与高脂组相比，平均低30%以上。结果说明，燕麦与安妥明一样，有减缓大白鼠高脂血症形成的作用。安妥明组明显使肝脏增重、肿大，而燕麦组无明显影响，这说明服用安妥明有毒副作用，而燕麦无毒副作用，可长期饲用。

（二）临床试验结果

三轮临床试验研究证明，优质燕麦片对降低总胆固醇、甘油三酯和β-脂蛋白均有显著效果。试验组总胆固醇、甘油三酯、β-脂蛋白平均分别下降40.4 mg%、47.3 mg%、159.7 mg%；而对照组则平均分别下降9.1 mg%、12.4 mg%、117.2 mg%。经统计分析，差异显著。

同时，临床试验研究还进一步证明，优质燕麦片具有提高高密度脂蛋白胆固醇，防止动脉硬化的作用，并相对大幅度降低对血管有害的低密度脂蛋白胆固醇。

其中第三轮临床试验是卫生部原首席健康教育专家洪昭光和宣清华以及陆大彪，于1985年2—5月，组织北京市18家医院按统一标准，采用随机对照分组方法，严格质量控制，在较大的人群中进行的临床试验。服用方法分3组：燕麦组——每日清晨一次，每次50 g燕麦片，煮粥食用，代替50 g早餐，佐料不限，也可分2次食用；对照组——每日一次，每日2个胶囊，成分为医用淀粉；冠心平组——每日3次，每日0.5 g。分别服用30天和60天的临床观察结果证明，燕麦具有明显降低血清总胆固醇、β-脂蛋白和甘油三酯的作用，并有一定升高血清高密度脂蛋白胆固醇的作用。对原发性与继发性高脂血症均同样有效。同时证明食用燕麦片与服用冠心平具有同等的作用，然而食用燕麦片没有副作用，可以长期食用，这是临床常用降脂药所不具备的作用。另外，临床观察结果还为人群动脉粥样硬化、冠心病、脑卒中等主要心血管病的原发预防，提供了一个理想的食物（附录1　燕麦对血脂的影响——第三轮临床观察研究报告）。

四、燕麦降脂研究成果通过国家鉴定

陆大彪根据上述研究取得的成果，于1985年9月26日在北京饭店举行了“燕麦降脂研究成果鉴定会”，鉴定委员会经过认真审议，一致通过燕麦降脂研究成果，并被评为部级科研成果，鉴定委员会认为本项成果有很好的实践应用价值和推广价值，有较大的经济和社会效益。会议形成的《燕麦降脂研究成果鉴定会纪要》如下。

燕麦降脂研究成果鉴定会于1985年9月26日在北京召开，出席会议的有：国家科委、卫生部、农牧渔业部、中国农业科学院、北京市卫生局、协和医院、北京医院、友谊医院、北京积水潭医院等40个单位，共97人，会议由中国农业科学院作物品种资源研究所副所长史孝石同志主持。

北京市海淀医院副院长宣清华同志代表燕麦降脂作用研究协作组在会上介绍了5年来燕麦降脂研究的协作过程。

卫生部副部长顾英奇同志参加了会议并做了重要指示：他高度评价了燕麦降脂研究协作的内容与形式，认为这是开辟了新的途径，很有意义。他说：随着生活水平的提高，动脉粥样硬化疾病的发病率也在增加，据1984年29个省（区）统计占首位的是心血管疾病，而目前应用的降脂药效果越好，副作用越大，价格也越高。因此，他希望把这一重要科研成果用于实际并继续深入地研究下去。

史孝石副所长代表中国农业科学院作物品种资源研究所学术委员会宣布技术鉴定委员会名单。林传骧教授任主任委员、陈可冀研究员任副主任委员、曹骥研究员任副主任委员，委员有郭普远主任医师、陶权教授、黄大有教授、李志嫒高级工程师、何慧德主任医师、许祖钵教授等14位专家。

技术鉴定会由林传骧教授主持，按照会议程序依次由课题主持人陆大彪、主持动物试验的孟昭光、主持临床研究的洪绍光等同志分别代表协作组向会议作了专题学术报告。主要内容概括为：

从1981年起至1985年止，历时5年，先后经过四轮动物试验与三轮临床研究的结果，完成单位有：中国农业科学院作物品种资源研究所、北京市海淀医院与北京市心肺血管医疗研究中心。参加单位有：北京市公安医院、北京市第二医院、北京医院、协和医院、友谊医院、北京市积水潭医院、北医三院等共19个医院和单位。

第三轮临床研究（第一、二轮为预备试验，向与会代表发了书面资料）服用优质燕麦前，测患者总胆固醇平均为298.7 mg%；甘油三酯平均为283.5 mg%；β-脂蛋白平均为1 039.7 mg%。服用优质燕麦2个月后证明，总胆固醇平均下降40.4 mg%；对照组只下降9.1 mg%；甘油三酯平均下降47.3 mg%，对照组只下降12.4 mg%；β-脂蛋白平均下降159.7 mg%，对照组只下降117.2 mg%，经统计分析差异显著。

优质燕麦对控制血脂升高有很强的作用，特别是抑制总胆固醇的上升效果尤其显著。用高脂饲料加普通饲料的大白兔胆固醇从几十毫克升到600多毫克，而用优质燕麦加高脂饲料的大白兔，仅能使胆固醇升高到100多毫克，从心肌切片镜检高脂饲料加普饲组血管腔异常狭窄，几乎要闭塞；而高脂饲料加优质燕麦组心肌切片的血管腔基本正常，仅血管壁比正常组略增厚。

临床试验证明：优质燕麦对继发性高脂血症及合并肝、肾疾病和糖尿病患者也有较好的疗效。继发性高脂血症的患者用降脂药虽血脂下降，但对肝、肾及糖尿病加重。本次试验用优质燕麦治疗70多例继发高脂血症，表明对肝、肾及糖尿病有疗效。

通过试验证明，优质燕麦具有提高高密度脂蛋白胆固醇，从而防止动脉粥样硬化，相对大幅度降低对血管有害的低密度脂蛋白胆固醇，起到保护血管的作用。

从三轮燕麦降脂研究表明，不同燕麦品种与不同生态区的燕麦其降脂效果不尽相同，在第三轮选用的山西地方古老品种比第一、二轮选用的河北、内蒙古杂交品种的降脂效果要好，这初步为选用降脂燕麦提供了依据。

整个试验说明，优质燕麦具有明显的降脂效果，其作用可与目前临床广泛应用的降脂药冠心平相比，不仅可长期服用，且无毒性副作用，不像冠心平试验组使动物肝脏严重受到损害。故优质燕麦是一种理想的降脂剂，优于冠心平等降脂药。普遍应用优质燕麦不但能起到治疗高脂血症的作用，同时也可预防高脂血症的发生，并可以给国家节约大量的医药费，带来不可估量的社会效益。

鉴定委员会单独审议时，中国农业科学院作物品种资源研究所科研处处长耿兴汉同志向记者与到会人员介绍了试验的有关细节。

经专家们认真审议，一致通过鉴定，并由鉴定委员会主任林传骧教授向全体到会人员宣读了鉴定结果。

最后由史孝石副所长作了总结性的发言，并特别指出大同市星火制药厂对这次会议在人力、物力、财力等方面的支持表示衷心的感谢！

当中国农业科学院作物品种资源研究所的燕麦降脂研究成果通过国家鉴定后，随即有关报道陆续登出，如北京晚报1985年8月29日刊登的标题是《我国利用食物治病又出新成绩——燕麦可预防高脂血症》；北京晚报1985年10月23日刊登的标题是《燕麦——高效降血脂食物》；人民日报1987年8月29日刊登标题是《燕麦降脂保健片防病增营养》；选文专访1987年第42～43页刊登标题是《燕麦和它的研究者》；家庭保健报1992年8月10日刊登标题是《燕麦降脂系列食品将风靡中国》；黑龙江日报1992年8月20日刊登标题是《卓效降脂食品——燕麦》；等等。

张玉（左一）海军卫生部副部长；郭普远（左二）北京医院党委书记；史孝石（左四）中国农业科学院作物品种资源研究所副所长；陆大彪（右二）中国农业科学院作物品种资源研究所副研究员；陈可冀（右四）中医研究院西苑医院中医专家。

燕麦降脂研究成果总结鉴定会代表合影

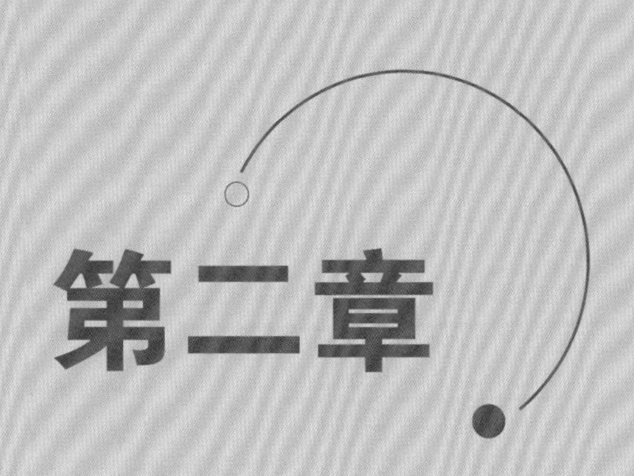

第二章

“世壮”牌燕麦保健片正式投产及发展

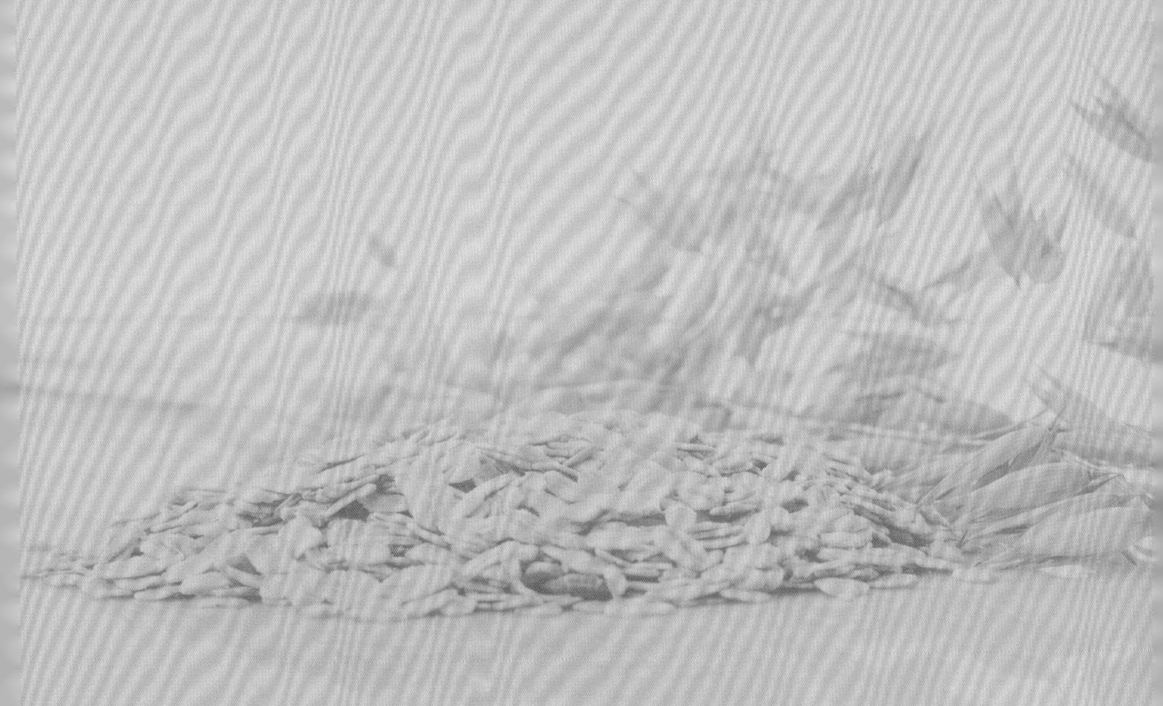

“世壮”牌燕麦保健片通过科学技术鉴定和获得注册商标权后，随即进行了正式投产，并取得稳定发展。

第一节　“世壮”牌燕麦保健片获得生产许可和注册商标

“世壮”牌燕麦保健片1987年获得生产许可，1988年喜获注册商标。

一、获得生产许可

1987年8月17日北京市卫生防疫站对燕麦保健片进行了卫生质量鉴定，鉴定证书中批示：基本符合北京市保健食品管理办法所规定的条件和要求，同意试产试销，生产单位需取得卫生许可证后方可生产并按粮食卫生标准做到检验合格出厂（附录2　食品卫生质量鉴定证书）。

1987年8月26日，中国农业科学院作物品种资源研究所组织了燕麦降脂作用研究协作组研发的燕麦保健片科学技术鉴定。参加会议的有中国食品工业协会、中国食品工业技术开发总公司、卫生部保健局、北京市委宣传部卫生处、轻工业部发酵工业科学研究所、北京市防疫站、农业出版社、北京市海淀医院、中日友好医院、北京医院、北医三院、协和医院、北京大学、中央民族学院以及人民日报、光明日报、健康报、中国卫生信息报等23个单位共51人，中国农业科学院名誉院长金善宝和中国农业国际交流协会原副会长兼中国农业科学院原副院长任志也出席了会议。

会议的主要目的是从燕麦保健片的科学性、实用性和社会、经济效益等方面，论证其批量生产的可行性。

鉴定委员会主任何慧德，副主任李志媛、杜寿玢，委员郭普远、潘瑞芹、祝志新、王敏清、董长城、黄筱声。鉴定委员会听取了研究课题主持人、临床试验、动物观察和燕麦降脂机理研究报告后，进行了认真的审议并形成一致鉴定意见。

燕麦保健片是利用燕麦降脂研究的科研成果，以无公害种植的优质裸燕麦为原料，通过科学方法，精心加工而成的一种新型保健食品，经动物试验和临床观察，对人体降血脂效果显著，总有效率达87%，对糖尿病及习惯性便秘等均有良好的效果，且无副作用。燕麦营养成分比大米、面粉高，长期服用燕麦保健片，不仅能防病、治病，且能增加营养。选择优质裸燕麦作为保健食品，在国内外尚属首创。

燕麦多产于老、少、边、贫山地。资源丰富，它的开发还可以为贫困地区农民开辟一条致富新路。现在燕麦片加工设备也已研制出来，产品经食品卫生检查部门鉴定合格。

鉴于上述情况，与会专家一致认为，燕麦片保健作用的科学依据充分，降血脂等效果显著，社会效益很大，也必将带来一定的经济效益。因此，与会专家一致建议批准生产燕麦保健片，投放市场，满足社会需要。

最后，中国食品工业技术开发总公司总经理罗文作了重要讲话，他说：燕麦保健片的试验是成功的，这项成果对人民的健康是有益的，相信燕麦保健片会被更多人所接受。建议有关部门在保障原料质量的基础上同意生产（附录3　燕麦保健片科学技术鉴定会纪要；附录4　科学技术鉴定证书）。

二、获得注册商标

"世壮"牌燕麦保健片商标图案

燕麦保健片的研制单位和协作单位于1988年6月4日向国家工商行政管理总局商标局提出"世壮"牌燕麦保健片商标注册申请。1989年7月20日获得批准，申请注册号：355279；国际分类：30；初审公告期号：248；注册公告期号：257；初审公告日期：1989年4月20日；注册公告日期：1989年7月20日。关于"世壮"牌燕麦保健片的"世壮"两个字的含义是什么？笔者曾经认为是

“世人吃了‘世壮’牌燕麦保健片身体都强壮”。北京特品降脂燕麦开发公司（简称公司）第二任经理赵炜对我说：你理解的不对，“世壮”这个名称是陆大彪根据英文strong（健壮）的谐音启用的。

三、中国作物学会医用作物协会助力“世壮”牌燕麦保健片生产

“世壮”牌燕麦保健片被国家认证后，原燕麦降血脂作用研究协作组拟成立医用作物协会，并向中国作物学会提出申请。于1988年6月30日得到中国作物学会的批准，中国作物学会（88）作学字第18号文批复：“你们的《关于成立医用作物协会申请报告》经1988年6月21日本会第四届在京常务理事会第二次会议审议批准，同意成立‘中国作物学会医用作物协会’。希望你们今后广泛团结医用作物科技工作者，加强横向联合，为推动医用作物科技进步，促进生产发展，作出应有的贡献”（附录5　中国作物学会对《关于成立医用作物协会申请报告》的批复）。

中国作物学会医用作物协会（简称协会）的依托单位是“世壮”牌燕麦保健片加工厂和北京特品降脂燕麦开发公司，第一次会议于1989年7月15—17日在河北省秦皇岛市南戴河召开。参加会议的有卫生部老年医学研究所、中国农业国际交流协会、中国农业科学院科技工作者离退休协会、中国农业科学院作物品种资源研究所、中国作物学会、北京市广播电台、中国食品报等30个单位42位代表。与会代表按协会章程，认真讨论了工作细则。会议选出了第一届工作委员会：主任郭普远，副主任任志、聂树柏、祝志新、潘瑞芹、刘元恕，秘书长陆大彪。协会的宗旨和任务是更好地利用各学科现代有关成就，研究和探讨多学科横向协作的新形式，推动医用作物的研究和开发利用。与会代表均表示将助力“世壮”牌燕麦保健片的生产和发展，并为大众挖掘出更多更好的保健食品和疗效食品而努力。

第二节　“世壮”牌燕麦保健片正式投产及发展

“世壮”牌燕麦保健片获得生产许可和注册商标后，于1989年正式投产。

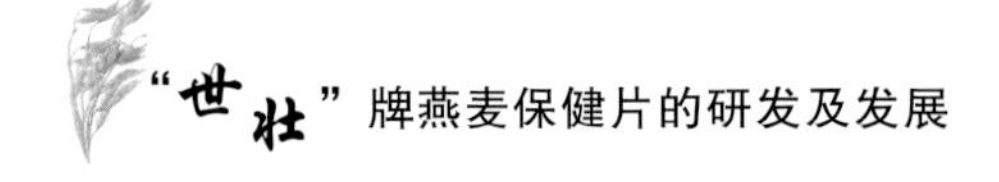

一、组建“世壮”牌燕麦保健片加工厂

1989年陆大彪在中国农业科学院作物品种资源研究所领导的支持下，组建了“世壮”牌燕麦保健片加工厂（简称燕麦厂）。燕麦厂由陆大彪领导，是研究所下属的一个独立企业，燕麦厂加工车间有专人负责，负责人被称为厂长，先后任职厂长的是张广正、陈征、那清辰。

总领导陆大彪（二排左三）；第一任厂长张广正（三排右二）；
第二任厂长陈征（三排右四）；第三任厂长那清辰（三排右五）。

中国农业科学院作物品种资源研究所科研处处长耿兴汉（二排右三）与燕麦厂职工合影

据3位厂长回忆，当时没有压燕麦片的机械，我们将压面条的机械改装后用来压燕麦片。后来，公司与中国农业机械化科学研究院合作建成了一台压燕麦片的机械，然而在试用一段时间后，总发生故障没法用，因此还是用改造的压面条机生产燕麦保健片。1989—1992年燕麦厂生产“世壮”牌燕麦保健片用的燕麦品种是五寨三分三和华北2号，年产量由200 kg增加到400 kg。1992年在国家科委主持的“92黑龙江全国科技成果展览交易会”上“世壮”牌燕麦保健片荣获金奖。

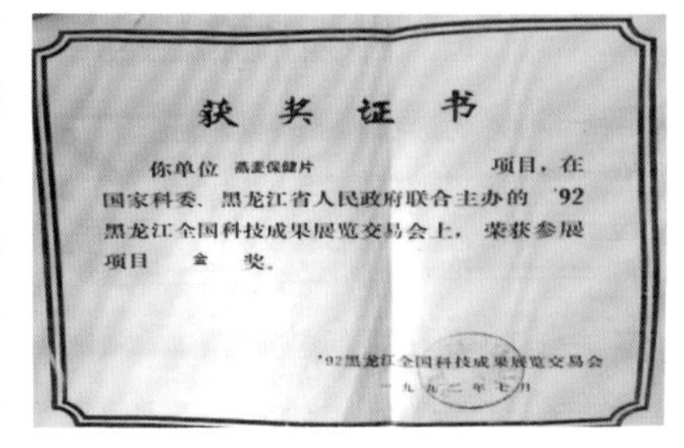

获　奖　证　书

你单位　燕麦保健片　项目，在国家科委、黑龙江省人民政府联合主办的'92黑龙江全国科技成果展览交易会上，荣获参展项目　金　奖。

'92黑龙江全国科技成果展览交易会
一九九二年七月

获奖证书

二、成立北京特品降脂燕麦开发公司

1993年，在“世壮”牌燕麦保健片加工厂的基础上，北京特品降脂燕麦开发公司成立。1993年经北京市工商行政管理局海淀分局批准，公司获得了营业执照，经中国农业科学院作物品种资源研究所批准，公司聘任陆大彪为总经理，那清辰为副总经理，乔京生为总经理助理，赵炜为燕麦厂厂长，总经理办公室主任由那清辰兼职，副主任是陈宪君、王伟闽。

中国农业科学院作物品种资源研究所副所长陈坚（左四）；北京特品降脂燕麦开发公司总经理陆大彪（左三）；副总经理那清辰（左二）；燕麦厂厂长赵炜（左一）；办公室副主任陈宪君（右二）；王伟闽（右一）。

中国农业科学院作物品种资源研究所副所长陈坚与燕麦厂职工合影

公司在使用改装的压面条机压制“世壮”牌燕麦保健片的同时，对原有弃用的压燕麦片的机械进行了升级改造。并经过反复试验研究，形成了加工生产工艺：①由原料生产基地购进合格的降脂专用燕麦；②清选机清选，清除杂质；③洗麦机清洗并甩干，再行人工精选，清除不合格子粒；④压片机将麦粒压成片；⑤烤箱调至100℃烘干、消毒、杀菌；⑥包装。随即建成了一条带有电脑和电眼的生产线。在这项工作中，赵炜作出了突出贡献，原因是他发挥了机械维修的技术特长。

燕麦加工生产工艺的升级改造保障了保障了“世壮”牌燕麦保健片的质量，同时，燕麦片的产量也大幅增加。此时，“世壮”牌燕麦保健片的声誉越来越高，在北京新技术开发区被认定为高新技术产品，1993年通过国家科委、国家技术监督局、国家税务总

国家级新产品证书

局、劳动部、人事部等9个部委审定，定为“国家级新产品”。

1994年，陆大彪年满60岁，正式退休。陆大彪退休后，主管单位任命赵炜为公司经理。赵炜不负众望，传承了陆大彪的理念，并在陆大彪的帮助下，团结全体职工，为“世壮”牌燕麦保健片的发展努力工作。

三、“世壮”牌燕麦保健片蓬勃发展告慰陆大彪

陆大彪虽然退休了，但他仍然为“世壮”牌燕麦保健片的发展努力工作，他取得的成绩已被认同，这时他已担任中国作物学会理事，卫生部老年医学研究所特邀研究员，中国老年医学研究杂志编委，享受国家政府特殊津贴。不幸的是“世壮”牌燕麦保健片的创始人陆大彪先生，因为倾心于“世壮”牌燕麦保健片而积劳成疾于1995年10月不幸去世，年仅61岁。我们在世的人们永远不会忘记陆大彪先生。中国农业科学院原副院长、陆大彪创始燕麦保健品的支持者陈万金，在《燕麦降脂研究》的序一中写到：“岁月可以逝去，历史却不会忘记，陆大彪，一个不能忘记、不可忘怀的名字，一个彪炳我国燕麦保健食品科研开发史册的名字，烛照后世，我们深深地怀念他。”在此书序二中，卫生部首席健康教育专家、中国作物学会医用作物协会主任洪昭光写到：“有些人活着，却已经死了；有些人死了，但因历史镌刻了他生命的足迹，而永远活着。陆大彪先生就是这样一位被历史铭记的人。”

赵炜经理管理的北京特品降脂燕麦开发公司告慰在天之灵的陆大彪先生，“世壮”牌燕麦保健片仍在世上蓬勃发展。“世壮”牌燕麦保健片的年产量从1994年的2.1万kg，发展到1999年的10万kg。当年使用的燕麦品种是华北2号。喜上加喜的是，1996年6月公司向卫生部提交将“世壮”牌燕麦保健片列入国家保健食品的申请。1997年1月16日喜获卫生部的批准，批准文号：卫食健字 (1997) 第022号。同时，“世壮”牌燕麦保健片获得国家食品药品监督管理总局的保健食品注册，并冠以保健食品蓝帽标志，这是当时国内唯一一家有此标志的燕麦片产品。

卫食健字 (1997) 第022号
中华人民共和国卫生部批准

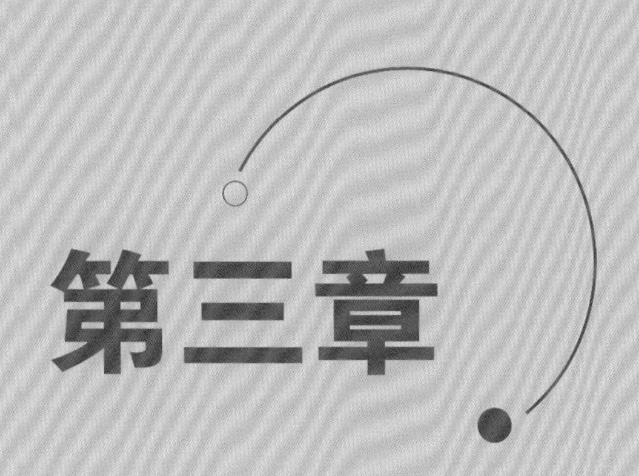

第三章

新世纪新发展，加强科技创新篇

21世纪是我国科技大发展的新世纪，是以人为本的新世纪，是以人民至上、生命至上的新世纪。北京特品降脂燕麦开发公司经理赵炜在中国农业科学院作物品种资源研究所所长娄希祉的启发下，领悟到了21世纪是公司大发展的好时机。从2000年开始增加人才、物力、财力，特别是加强科技投入和广泛宣传，开拓销售市场。为此公司聘请了中国农业科学院作物品种资源研究所退休的作物种质资源专家郑殿升和生物化学专家吕耀昌作为顾问并参加科研工作。与此同时，公司还加强了中国作物学会医用作物协会的研讨和宣传工作。

第一节　燕麦降脂成分和机理研究

公司在20世纪80年代初，经18家医院临床试验和动物试验观察，确定了燕麦具有降血脂的作用。然而燕麦降血脂的成分和机理尚未完全明确，因此有必要开展相关研究。

公司开展燕麦降血脂的成分和机理研究，是生物化学专家吕耀昌承担的。吕耀昌先生根据自己的研究成果，并查阅了有关资料和信息，从而得到可靠的结论。

一、燕麦降血脂的成分研究

关于燕麦降血脂的成分，在国际上曾经有2种意见，即亚油酸或β-葡聚糖，直到21世纪才趋于一致认为燕麦降血脂的有效成分是β-葡聚糖。Tietyen等比较了普通燕麦麸、纤维素的降脂作用，试验中用β-葡聚糖酶处理燕麦麸，将葡聚糖降解成寡聚糖添加到食物中，喂养3组10只雄鼠3周。试验结果表明，含有酶处理过的食物可造成最高的血脂和高密度脂蛋白胆固醇。Behall等研究了23个轻度高血脂者，交叉食用含有1%和10% β-葡聚糖的2种食物5周，结果发现，食用2种葡聚糖浓度食物的人，总胆固醇和高密度脂蛋白胆固醇都显著下降，试验充分说明燕麦中的β-葡聚糖是燕麦降脂的有效成分。

二、燕麦降血脂的机理研究

（一）胆固醇、胆汁酸吸收的减少

燕麦胶和另一些可溶性纤维溶于水时具有黏性特征，食用了这些物质后，增加了胃肠道中待消化物质的黏性，通过减少总的消化性或代之末端消化的方法能够减少食用脂肪和胆固醇的消化和吸收。Lund等使用老鼠作试验时发现燕麦片或燕麦胶可增加小肠内待消化物的湿重、水分含量和黏度，在实验室条件下的试验表明，通过增加燕麦胶的浓度逐渐减少小肠对胆固醇的吸收，从而可以断定小肠中黏度的增加能对食用燕麦制品的降脂效果起作用。

胆汁酸是胆固醇的代谢产物，因此，胆汁酸在新陈代谢中的变化可以影响胆固醇的状况。我们知道，胆汁酸到达小肠能帮助脂肪消化，食用燕麦时，燕麦的水溶性纤维（β-葡聚糖）在肠中能形成胶状物将胆汁酸包围。由于胆汁酸被包围，很多胆汁酸不能通过小肠壁再吸收重回到肝脏，而是通过消化道被排出体外。因此，当肠内食物再需要胆汁酸时，肝脏只能再代谢胆固醇以补充胆汁酸，于是降低了血中的胆固醇。Illman等以老鼠为对象比较了燕麦麸和纤维素，正如预料的那样，燕麦麸食物不仅显著降低血浆胆固醇的浓度，而且明显增加胆汁酸的分泌和在粪便中的浓度。Kritchevsky等观察到预先喂食燕麦麸的老鼠以酸性甾醇（胆汁酸）形式C-胆固醇排出的比例大于预先喂食纤维素或小麦麸。因此，增加胆固醇的分解代谢及胆固醇代谢产物的排出仍然是食用纤维降脂特性的可行机理。

（二）抑制胆固醇的生物合成

可溶性纤维到达大肠后经肠内的细菌发酵，快速分解为短链脂肪酸，如丁酸、丙酸和乙酸，生成后的这些脂肪酸易被吸收。Andeson等和Beyen等分别报道了丙酸和乙酸在实验室条件下能够抑制胆固醇的生物合成。Chen等研究显示老鼠吃了0.5%的食用丙酸后降低了血脂浓度，Bridges等发现在食用燕麦麸后人体血清乙酸浓度也提高了。

有证据表明，胰岛素或另一些包括胃肠道的激素能够减少胆固醇。很多研究证明燕麦和燕麦制品中的β-葡聚糖可以减少饭后血浆胰岛素的响应。胰岛素则能激活β-羟基-β-甲基戊二酸单酰辅酶A还原酶（HMGCR）这种胆固醇生物合成速率限制酶的活性。膳食纤维减少了碳水化合物的吸收和胰岛素的分泌，因此，能间接地减少肝脏合成胆固醇（附录6　燕麦的降脂作用和机理）。

第二节　燕麦β-葡聚糖含量鉴定研究

燕麦降血脂的有效成分是β-葡聚糖，但是燕麦的不同品种β-葡聚糖含量差别较大，因此，我们需要进行鉴定分析，筛选β-葡聚糖含量高的品种作为“世壮”牌燕麦保健片的专用品种。

一、鉴定研究的准备工作

为了此项研究，公司筹建了实验室，购置所需的仪器和试剂等。供鉴定分析的裸燕麦品种资源保存在国家作物种质库中，从国家作物种质库取种子作试验研究的手续是十分严格的，必须通过中国农业科学院作物品种资源研究所领导批准。根据此规定，公司赵炜经理向所领导提出关于进行裸燕麦品种β-葡聚糖含量鉴定分析的申请。经所领导研究批准，由副所长王述民签发批准文件。

根据签发的文件，由郑殿升到国家作物种质库联系取种子，共取出1 000余份品种，每份品种的种子只有几十粒。但是作β-葡聚糖鉴定分析每次都要50 g种子（约2 000粒），因此，必须繁殖足够的种子量。所以公司与张家口坝上农科所合作，进行了2年的繁种。另外，为鉴定相同品种在不同年份和不同地区种植的种子β-葡聚糖含量的差异，选择供试品种中约40个品种，在张家口坝上和北京分别种植，从而满足了鉴定分析所用的种子量。

二、鉴定技术的创建及鉴定结果

燕麦β-葡聚糖含量鉴定研究由吕耀昌先生承担，当时全北京只有一台能检测β-葡聚糖的仪器，检测1份样品的成本是5 000元。公司要检测1 000多个品种，并且还要复检，这需要花费很大一笔经费，公司实在负担不起，怎么办？吕耀昌根据多年的实践经验和理论基础，经过反复试验创建出酶法测定方法和近红外测定方法，前者检测成本低准确度高，后者检测成本低分析速度快，这2种方法与试剂盒测定的结果误差极小。当时，在我国燕麦科研领域，只有本公司一家掌握这种廉价的鉴定方法。随后有些单位请吕耀昌传授这项技术的方法。

吕耀昌利用自己创建的酶法测定方法，鉴定了供试的1 014份品种，鉴定结果表明，供试品种β-葡聚糖含量低于3.0%的品种有67份，占供试品种总数的6.61%，全部品种均为地方品种；β-葡聚糖含量在3.00%～4.99%的有877份，占供试品种总数的86.49%，其中地方品种781份占89.1%，育成品种（系）96份占10.9%；β-葡聚糖含量高于和等于5.0%的品种（系）有70份，占供试品种总数的6.90%，其中地方品种、育成品种（系）各为35份；β-葡聚糖含量高于和等于6.0%的品种有12份（表3），其中地方品种仅占25%，育成品种（系）则占75%。

表3　β-葡聚糖含量≥6.0%的品种（系）

序号	鉴定号	β-葡聚糖含量/%	品种类型	原产地	鉴定年份
1	68	6.02	地方品种	内蒙古	2004年
2	110	6.04	地方品种	山西	2004年
3	206	6.08	地方品种	山西	2004年
4	413	6.21	育成品种	山西	2004年
5	875	6.00	育成品种	河北	2003年、2004年
6	992	6.33	育成品系	河北	2003年、2004年
7	993	6.34	育成品系	河北	2003年、2004年
8	1 034	6.88	育成品系	河北	2003年、2004年
9	1 035	6.88	育成品系	河北	2003年、2004年
10	815	6.20	育成品种	河北	2002年、2004年
11	1 019	6.40	育成品系	外引	2002年、2004年
12	1 020	6.98	育成品系	外引	2002年、2004年

从表3不难看出，这些品种（系）中育成品种占多数，它们主要分布在河北省、山西省和内蒙古自治区。

本项研究不仅为降脂燕麦保健片的生产提供了优异的品种，而且为燕麦高β-葡聚糖育种提供了理论依据和物质基础（附录7　中国裸燕麦β-葡聚糖含量的鉴定研究）。

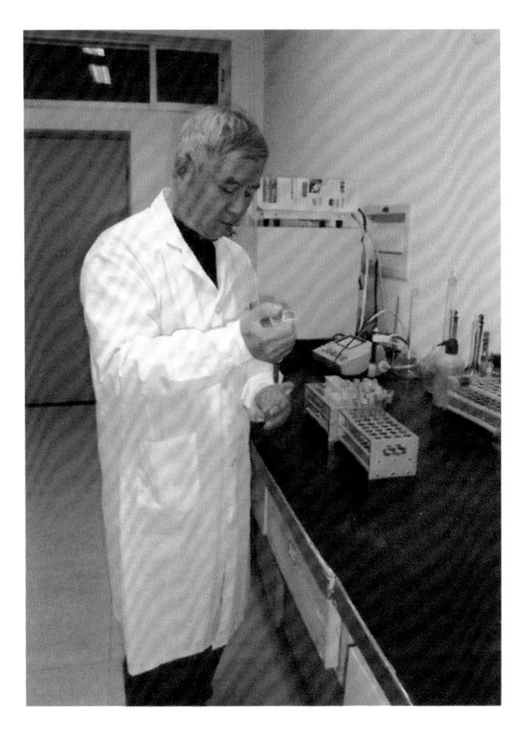

吕耀昌在实验室鉴定燕麦的β-葡聚糖含量

第三节　保障“世壮”牌燕麦保健片质量的措施

公司为了保障“世壮”牌燕麦保健片的质量，采取了4项措施：第一是选用和培育高β-葡聚糖品种；第二是建立原料生产基地；第三是实施三级种子田措施；第四是加工设备与工艺改进。

一、选用和培育高β-葡聚糖品种

由郑殿升负责对公司鉴定筛选出的高β-葡聚糖含量的品种进行了产量和适应地区的观察，从中选出坝莜1号和中燕1号这2个品种，作为生产"世壮"牌燕麦保健片的专用品种。

（1）坝莜1号：河北省张家口坝上农科所（现河北省张家口市农业科学院）培育。该品种是通过燕麦物种远缘即皮燕麦（*Avena sativa* L.）与裸燕麦（*A. nuda* L.）杂交育成的，并且其中的皮燕麦是从美国引进的，因此其亲本又是地理远缘的。所以笔者认为坝莜1号是双远缘杂交育成的。正因为如此，该品种的产量高、品质好、适应地域广。21世纪初已在全国燕麦产区广泛种植，经公司鉴定β-葡聚糖含量达4.0%~4.5%，子粒颜色正，压出的麦片漂亮。

（2）中燕1号：郑殿升选育。中燕1号的杂交组合是夏燕麦×赤38莜麦通过8年选育成的，其突出特点是品质优异、β-葡聚糖含量高（5.5%~6.0%）、脂肪含量9.8%、蛋白质含量16%，并且抗腥黑穗病，产量潜力大，每公顷约3 750 kg。

卫生部原首席健康教育专家洪昭光对中燕1号作了临床试验。结果表明：每日服用50 g，8周后血胆固醇下降30.5 mg/dL（−12%，$P<0.05$），甘油三酯下降40.5 mg/dL（−17.4%，$P<0.05$）差异显著。中燕1号燕麦的另一个优点是不论对轻度或中、重度高血脂均有同样效果，而有些药物或食物对轻度升高的血脂疗效不明显（附录8　降脂燕麦品种中燕1号临床疗效观察报告）。

2005年5月18日，中国农业科学院科技产业发展局在北京主持召开了"降脂燕麦品种中燕1号降脂功能鉴定会"。鉴定委员会主任杜寿玢，委员陈万金、郭普远、王敏清、娄希祉、宣清华、黄筱声、籍保平。

鉴定委员会听取了"燕麦品种中燕1号的选育和利用""降脂燕麦中燕1号临床疗效观察"的报告，经充分讨论，提出鉴定意见如下。

> 国内外研究结果表明，燕麦降血脂，调节血糖等保健作用的主要有效成分是β-葡聚糖和不饱和脂肪酸等。据此，郑殿升于2007年开展了高β-葡聚糖和高不饱和脂肪酸的燕麦新品种的选育，经过8年的选择和加工培育，达到了定向预期选种目标。选育成的降脂燕麦新品种品质优良，β-葡聚糖含量达6%左右（一般品种4%左右），粗蛋白质含量（干基）

16%左右（一般品种12%~15%），粗脂肪含量（干基）9.00%左右（一般品种6%~8%），大大增加了降脂有效成分含量。用燕麦新品种中燕1号试制的燕麦保健片，经数百人食用品尝，一致反映外观圆整、口感柔软、细腻、润滑。2015年公司已安排大面积种植中燕1号，预计产量200万kg左右。燕麦新品种可以提高燕麦片的降脂保健功能。

研发单位委托北京安贞医院洪昭光教授主持临床试验，经对72例高血脂患者为期2个月的临床观察结果证明：降脂燕麦新品种中燕1号，具有显著的降低胆固醇和甘油三酯的作用。对轻、中、重度高血脂病人均有较好效果，其30 g/日与50 g/日的服用量效果基本相同，因而更便于日常食用。

鉴定专家一致认为，降脂燕麦新品种中燕1号不仅具有明显的降脂作用，而且还是高纤维素食品，无毒副作用，并有润肠、通便、预防结肠癌等多种保健功能，建议加大生产规模，加快产品转化，为消费者提供优质、价廉的燕麦保健食品。

二、建立原料生产基地

“世壮”牌燕麦保健片的专用燕麦品种应种植在适宜的地区。经试种观察认为，河北省张家口坝上地区最为理想，据此公司在张家口坝上地区建立了原料生产基地。

在张家口坝上地区建立原料生产基地有4点好处：第一，“世壮”牌燕麦保健片专用品种坝莜1号和中燕1号适应该地区种植；第二，该地区是我国燕麦主产区之一；第三，气候凉爽，空气和土壤无污染，病虫害发生较少，常年生产的种子质量好；第四，该地区离北京较近，人员往来比较方便，合作更紧密，生产的原料运输费用较少。

公司与张家口坝上农科所合作建设“世壮”牌燕麦保健片生产基地，基地的种植面积、原料生产量、田间管理等规划和措施由2个单位协商制定，由张家口坝上农科所具体实施。

郑殿升（左）和田长叶（右）在原料生产基地观察燕麦生长情况

三、实施三级种子田措施

"世壮"牌燕麦保健片的专用品种坝莜1号和中燕1号，都是经皮燕麦和裸燕麦杂交育成，它们的遗传特点是后代总有少量带皮的子粒，并且随世代演进，带皮子粒越多。这就给食用带来麻烦，必须筛出带皮子粒，公司为了减少专用品种的带皮子粒，实施了三级种子田措施。"世壮"牌燕麦保健片专用品种三级种子田的负责人是郑殿升和田长叶。现将三级种子田的技术指标分列如下。

一级种子田（穗行圃）		二级种子田		三级种子田
（1）选择足够的单穗，淘汰其中有带皮子粒的单穗（大约占20%）。 （2）种植方法：每穗种1行，行长2 m，行距0.35 ~ 0.40 m。 （3）田间观察，淘汰杂行。 （4）按单穗行收割、脱粒，淘汰有5粒以上带皮的单行。 （5）有5粒和少于5粒带皮的单行，剔除带皮子粒后混合作为二级种子田的种子。 （6）被淘汰单行的不带皮子粒，可用于生产田的种子。	→	（1）种植方法同大田。 （2）播种量每亩10 kg。 （3）淘汰杂株。 （4）筛出带皮子粒，用于三级种子田的种子。	→	（1）种植方式同大田。 （2）播种量每亩10 kg。 （3）淘汰杂株。 （4）筛出带皮子粒，用于原料生产田。

关于三级种子田的面积和产量问题，我们的实践证实，一级种子田每亩可产约100 kg种子，可供二级种子田种植10亩；二级种子田每亩可产150 kg种子，可供三级种子田种植10 hm²；三级种子田每亩可产150 kg种子，可供原料生产大田种植147~153 hm²。

四、加工设备与工艺改进

（一）加工设备的改进

普通燕麦产品的普遍加工方法是磨去麦麸和表皮。而分析研究表明，燕麦的主要降脂成分膳食纤维多分布于麦粒表层。因此，研究与改进燕麦加工设备与工艺是保留燕麦降脂有效成分的重要环节。“世壮”牌燕麦保健片在选用降脂成分高的品种的前提下，采用了独特的比重清选法，能去除大部分麦麸而保留了麦粒的表皮。国内市场上销售的压片机，其强度达不到加工燕麦的要求。从满足燕麦保健片的质量和降低生产成本考虑，在借鉴国内外各种压片机性能的基础上，制造了“世壮”牌燕麦保健片专用压片机，其强度和精度均达到技术质量要求，确保了产品数量和质量。

（二）加工工艺的改进

在燕麦片加工和保存期间，最容易出现哈喇味和肥皂味，直接影响燕麦片的保质期（货架寿命）、生产效益和消费水平。针对影响燕麦片质量的2个重要因子进行了工艺条件的改进和选择。脂类的氧化酸败是含脂干燥食品储藏变质的主要因素。当燕麦子粒受损时，子粒内的脂肪、抗氧化剂和酶之间的平衡被打破，脂肪酶水解燕麦油脂生成游离脂肪酸。这些游离脂肪酸，特别是不饱和脂肪酸受到另一种酶（脂肪氧化酶）的作用，催化生成过氧化氢，然后被脂肪过氧化酶作用后生成不同的羟基脂肪酸，其中有几种羟基脂肪酸是有苦味的物质，出现哈喇味。变质时产生的这种异味，还与燕麦油脂氧化过程中产生的挥发性羰基化合物，如乙醛、戊醛和2,4-癸二醛有关。因此，在燕麦加工过程中灭酶是防止出现异味的有效措施。在一定温度条件下，燕麦的灭酶效果与子粒的含水量有关。含水量高，灭酶所需时间短、灭酶效果好。如用水蒸气处理，子粒中的水分含量会增高，在很短的时间内，能完全灭掉脂肪酶的活性，过氧化物酶的活性快速（定性）测定方法，对灭酶条件的选择和灭酶效果的保证是至关重要的。经过实验室和生产车间的不断试验，建立了灭酶工艺和灭酶效果监控方法。应用结果证明，用联苯二胺方法测定过氧化物酶的活性，比用其他方法测定的灵敏度高，反应时间短，操作简便，适宜于灭酶效果的生产现场监控。灭酶时间的准确选择和适宜的加工量，不仅有效保证灭酶效果，延长产品的保质期，而且减少了消耗，降低了生产成本。除了脂肪酶等影响燕麦片的品质外，燕麦片中的水分也直接影响燕麦片对自动氧化的耐性。经过变质燕麦片水分含量测定，均在8.5%以下，与国外燕麦片的稳定性随水分含量增加而增加的研究结果一致。实践证明，燕麦片水分含量为10%~11%时，燕麦片的稳定性最好。依此特性，"世壮"牌燕麦保健片选择了烘烤温度150℃，烘烤时间3.5 min，并建立了具有快速、操作简便和准确度较高的燕麦粒、燕麦片水分含量测定方法适于现场水分含量监控。

由于在燕麦片加工中，建立了灭酶的工艺和水分控制标准，同时进行了灭酶效果和水分含量的现场监控，避免了变味、霉变及哈喇味的出现，有效地保证了燕麦保健片质量的稳定。

第四节　广泛宣传，开拓市场

为了"世壮"牌燕麦保健片的扩大生产，公司一直在加强宣传，同时开拓市场。

一、广泛宣传

公司为了"世壮"牌燕麦保健片的扩大生产，加强了宣传工作。宣传的途径主要有4种。

第一，在"世壮"牌燕麦保健片包装袋上介绍本产品的保健功能，适宜人群，食用方法和用量，生产许可证，执行标准等。

第二，通过媒体宣传，如在中央电视台广告栏目中介绍本产品，还有赵炜于1997年在中央电视台黄薇主持的夕阳红节目中，1999年赵炜和郑殿升在中央电视台农民之友节目中，2002年赵炜在中央电视台体育彩票颁奖仪式中，2013年白建军在北京电视台生活节目中均宣讲了“世壮”牌燕麦保健片的创制和保健功能，特别是降血脂的效果更明显。

第三，通过中国作物学会医用作物协会宣传，协会曾召开多次会议，每次会议中都会有“世壮”牌燕麦保健片的内容，如在社会上的食用效果、反馈意见等，并就公司的发展提出建议。特别是2008年11月23日中国作物学会医用作物协会召开了成立20周年纪念会，出席会议的有中国作物学会原理事长、农业部原副部长路明，农业部原农业司司长王克平，中国农业科学院原副院长任志、陈万金，卫生部原首席健康教育专家洪昭光，卫生部中央保健局原局长王敏清，参加“世壮”牌燕麦保健片研制的各医院的领导和代表，还有新闻界的中国食品报记者、中国新闻出版报记者。各位代表从各自工作岗位总结了20年来取得的成绩和体会，其中对“世壮”牌燕麦保健片取得的社会和经济效益给予了充分肯定。卫生部原首席健康教育专家洪昭光说：每当我在病房看到冠心病、心肌梗死病人一次住院花费10余万元时，心中总想起陆大彪和他创始的“世壮”牌燕麦保健片的功德，使千万人免除心肌梗死，这个社会效益、经济效益怎么估量也不过分。

中国作物学会医用作物协会成立20周年纪念会，秘书长赵炜作工作报告

农业部原副部长路明，北京医院原党委书记郭普远，
卫生部原首席健康教育专家洪昭光出席会议

中国农业科学院原副院长任志（左）出席会议

中国农业科学院原副院长陈万金（右）出席会议

北京医院原副院长马苏高及其夫人出席会议

卫生部中央保健局原局长王敏清及其夫人出席会议

第四，健康讲座，卫生部原首席健康教育专家洪昭光在全国各地健康讲座中，每次讲到合理膳食时，都会谈到红色食品（番茄）、黄色食品（黄色蔬菜和水果）、绿色食品（绿茶和绿色蔬菜）、白色食品（燕麦粉、燕麦片）和黑色食品（黑木耳）。当讲到白色食品时，他说：现在燕麦制品市场有点乱，众多概念的燕麦片让人眼花缭乱。那么什么燕麦制品最好呢？中国农业科学院生产的“世壮”

洪昭光在作健康讲座

牌燕麦保健片是最好的……1997年被卫生部批准为具有调节血脂功能的保健食品。

郑殿升应骏丰频谱公司邀请，现场讲解“世壮”牌燕麦保健片的保健功能和有效成分及机理，并解答了食用方法、购买途径等问题，到场听讲的约100多人。另外，应长寿俱乐部的邀请，在网上讲解了“世壮”牌燕麦保健片的创制历程，获卫生部批准为保健食品，保健功能及其成分，降血脂的机理，保障优质的措施等，听讲座的群众有2 260位。

郑殿升应长寿俱乐部邀请介绍“世壮”牌燕麦保健片

二、开拓市场

公司在扩大生产“世壮”牌燕麦保健片的同时，加强了销售市场的开拓。除在本公司设立销售门市部外，还与北京市内的超市发、首航、顺天府、天客隆、华联鑫业城、118生活超市、天超、奥士凯、东单菜市场、西单万方、易喜、华汇华辰、清华澜园、方庄购物中心、万惠红庙、朝阳百货、燕丰糖果、燕丰杂粮、燕丰营养、万惠金台等大商场签订了供货合同。并且在黑龙江、辽宁、河北、天津、山西、上海、山东、安徽、浙江、江苏、江西、海南、广西、广东、河南、湖南、陕西、宁夏、贵州等19个省（区、市）设有经销商。

第五节　产量飞跃大发展，新规划创新篇

一、产量飞跃大发展

进入21世纪以来，公司因退休年龄原因更换了3次经理，公司名称于2019年由北京特品降脂燕麦开发公司变更为北京特品降脂燕麦开发有限责任公司（附录9　保健食品注册人名称、地址变更申请审查结果通知书）。由于公司一直传承了陆大彪先生的信念和奋斗精神，并加大了科技投入和宣传，所以“世壮”牌燕麦保健片的产量仍然快速增加，从1999年的10万kg发展到目前的150万kg，已增长了14倍。然而，“世壮”牌燕麦保健片产量的增速还是赶不上社会的需求量，总是处于供不应求的状态。如北京晚报2020年11月26日报道，今年“双十一”一款老牌燕麦“世壮”突然蹿红。因为销售火爆，网店不得不暂时关闭，产品的预售期长达20天。

二、新规划创新篇

现任经理杨鹏在新形势下，提出了新的目标和战略规划。首先在5～10年内，年产量达到300万～500万kg的目标。为了实现此目标，已在山东增建了3条生产线，并加强原料基地的扩建，对现用的专用燕麦品种中燕1号进行提纯复壮，同时加快培育选择新的优质品种。

为了将“世壮”牌燕麦保健片发展得更强、更优、更美，给大众带来更多的健康福音，为社会创造更多的经济效益，提出了今后的战略规划。

三、企业文化篇

全面梳理企业文化，总结提炼公司使命、愿景、价值观和目标，指导公司发展战略和未来发展规划。

公司使命：农科院技术服务百姓餐桌，助力健康生活！

公司愿景：成为一家全国布局、效益优良、员工幸福成长、值得信赖的

健康食品公司。

公司价值观：坚守品质、诚信担当、感恩传承、科研创新。

公司目标：打造国内知名农业科技上市公司——农科优品集团公司。

（一）公司的营销体系

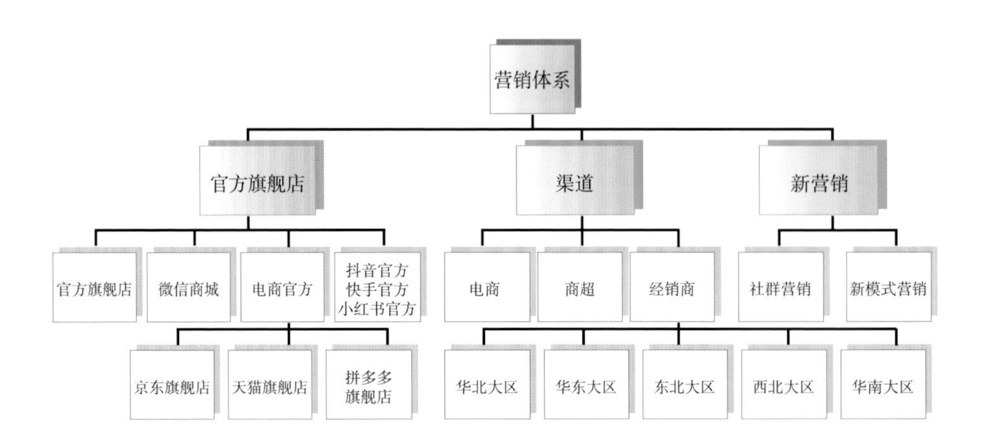

（二）公司的产品体系

麦片系列	休闲系列	杂粮系列	礼盒系列
· 300 g（方便装） · 350 g（经典装） · 400 g（金典装） · 1 000 g（未来装）	· 燕麦圈（片） · 燕麦脆 · 燕麦精华粉 · 燕麦方便面 · 玉米片 · 荞麦片 · 青稞片	· 大米 · 燕麦米 · 荞麦 · 藜麦 · 青稞 · 黄小米 · 绿豆 · 豌豆 · 红小豆 · 黄豆	· 麦片礼盒 · 杂粮礼盒 · 燕麦早餐家庭装

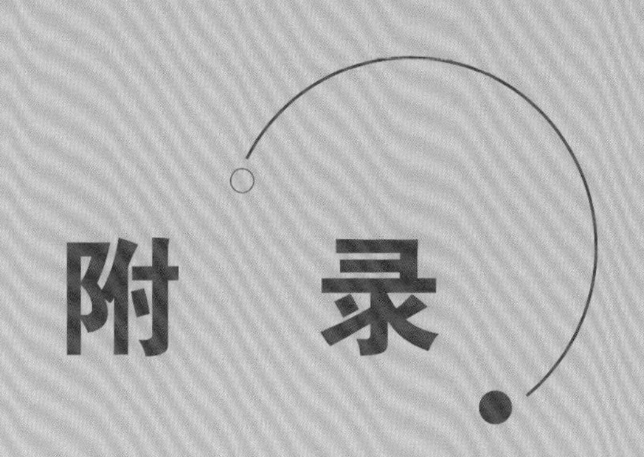

附 录

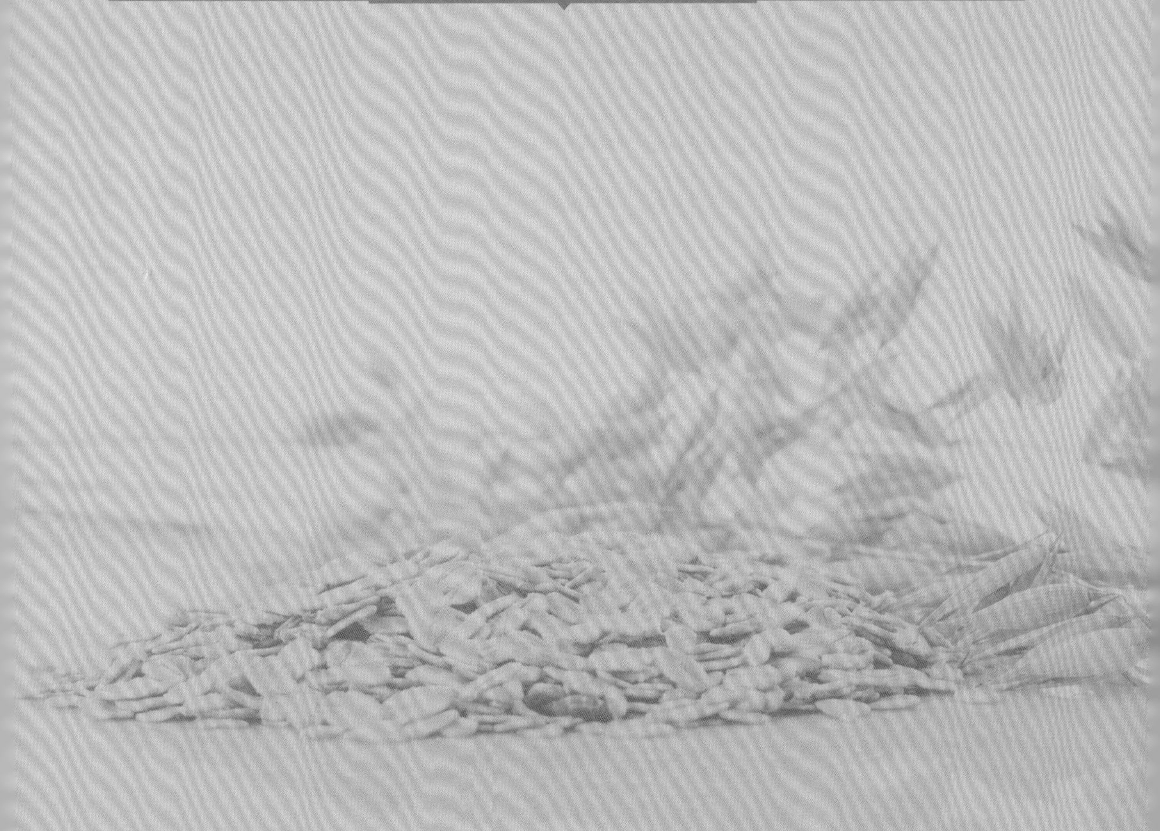

附录1

燕麦对血脂的影响——第三轮临床观察研究报告

洪昭光　宣清华　陆大彪
（燕麦降脂作用研究协作组）

高脂血症是动脉粥样硬化性疾病的三大危险因素之一，并被认为具有独立的致病作用。人群间的对比研究表明：人群的平均总胆固醇水平与人群的冠心病发病率呈高度正相关。在人群内部，个体血胆固醇的高低能有效地预测发生冠心病的危险性。因此，纠正脂质代谢紊乱，降低血脂水平对预防和控制动脉粥样硬化的发生、发展具有重要意义。

自1981年起，我们在一系列临床及动物试验中观察到燕麦具有不同程度的降脂作用。为进一步验证燕麦的降脂作用，于1985年2—5月组织全市18家医院按统一标准，采用随机对照分组方法，严格质量控制，在较大的人群中进行了临床观察，现将结果报告如下。

病例选择

一、病例来源

选自北京6个城近郊区18家医院的门诊及部分工厂、学院门诊病人。

二、选择标准

不论是原发性还是继发性高脂血症，须符合以下条件。

（1）至少2个月以前有过1次测量值及最近2个月内有2次测量值达到以下标准：血清总胆固醇高于250 mg%及/或血清甘油三酯高于150 mg%及/或β-脂

蛋白高于800 mg%。

（2）经医务人员说明观察方法后，病人志愿参加临床观察，饮食习惯不改变，并停用其他降脂药。

（3）能按时按量遵医服药，并逐日填表记录，每2周进行复查1次。

（4）在服药2个月内不出差。

病人必须同时符合上面4项条件者方可列入观察对象。

研究方法

一、分组

按机械随机方法分为燕麦组、对照组、冠心平组。如病人来自门诊，按选入的顺序，前3名为燕麦组，第4名为对照组，接着3名又为燕麦组，第8名为冠心平组，依此类推。

如病人来自防治区或单位，则按姓氏笔画顺序编号，分配方法同上。

二、服用方法

燕麦组：每日清晨1次，每次50 g燕麦片。煮粥食用，代替50 g早餐，佐料不限，也可分2次食用。

对照组：每日1次，每日2个胶囊，内容为医用淀粉。

冠心平组：每日3次，每次0.5 g。

试验开始前停服降脂药2周，饮食习惯不变。

三、观察指标和项目

1. 血脂测定指标

（1）血清总胆固醇：国产酶测定法。

（2）高密度脂蛋白胆固醇：磷钨酸钠—镁法分离血清、国产酶试剂测定其胆固醇含量。

（3）血清甘油三酯：异丙醇抽提、乙酰丙酮显色法。

（4）β-脂蛋白：比浊法。

试验前，1个月后，2个月后共测定3次。

2. 其他观察项目

包括身高、体重、血压、吸烟量、饮酒量、个人史、家族史。

四、研究方法

设立统一表格，由专人负责询问填写。病人每2周复查及取药1次。并逐日填写观察记录表，每个月查血脂1次。

质 量 控 制

（1）协作组内设立技术核心小组，负责计划进度，表格设计。试验前、中、后进行样本抽查，确定是否符合质控要求。

（2）血脂质量控制：北京心肺血管医疗研究中心血脂标化室几年来与WHO协作、血脂测定方法与结果均已达到WHO要求。每个医院都要指定专人负责本项研究的实验室工作，并到北京心肺血管医疗研究中心进行血脂标准化测定学习。

（3）各单位病例丢失率不能超过20%，否则不列入统计。

（4）凡未能按时服药、按时抽血或未完成全疗程的病例不列入分析。

结 果

本组符合上述标准的病例共482例。其中燕麦组393例，对照组56例，冠心平组由于药品供应问题丢失病例较多，仅得33例。因病人中有血脂三项增高，二项增高或单项增高者，所以，各血脂单项分组例数不同。现分述如下。

一、3组治疗对高胆固醇血症的影响

本组共有高胆固醇血症272例，其中燕麦组235例、对照组22例、冠心平组15例。

燕麦组235例中，男131例，女104例。年龄33～72岁，平均年龄55岁。服

用前平均值为298.7 mg%。服用1个月，胆固醇下降者187例，占79.6%，平均下降37.6 mg%，下降幅度12.6%（P<0.001）。服用2个月，胆固醇下降者199例，占84.7%，平均下降40.4 mg%，下降幅度13.5%（P<0.001）。

对照组22例，服药8周后，胆固醇平均下降9.1 mg%，下降幅度3.3%（P<0.05）。

冠心平组15例，服药8周后，胆固醇平均下降50.5 mg%，下降幅度17.3%（P<0.01）。

以3组胆固醇下降值相比，燕麦组与对照组有极显著差异（P<0.01），燕麦组与冠心平组无显著差异（P>0.05），详见附表1.1。

附表1.1　3组治疗对血清胆固醇的影响

组别	例数/例	平均年龄/岁	服药前平均值/mg%	服用1个月后平均值/mg%	服用2个月后		
					平均值/mg%	下降值/mg%	下降幅度/%
燕麦组	235	55.0	298.7 ± 2.8	262.8 ± 3.3	258.3 ± 3.3	40.4 ± 2.9▲▲★	13.5
对照组	22	54.0	277.5 ± 6.1	257.8 ± 9.7	268.4 ± 8.1	9.1 ± 6.4	3.3
冠心平组	15	57.8	292.8 ± 12.9	237.6 ± 9.0	242.3 ± 12.0	50.5 ± 10.8▲★	17.3

注：与服药前比较，▲P<0.01，▲▲P<0.001。
与对照组比较，★P<0.01。

二、3组治疗对高甘油三酯血症的影响

本组共有高甘油三酯血症346例，其中燕麦组286例、对照组38例、冠心平组22例。

燕麦组286例中，男171例，女115例，年龄32～74岁，平均年龄55.1岁。服用前甘油三酯平均值为283.5 mg%，服用1个月，甘油三酯下降者189例，占66.1%，平均下降34.5 mg%，下降幅度12.2%（P<0.01）。服用2个月，甘油三酯下降者200例，占69.9%，平均下降47.3 mg%，下降幅度16.7%（P<0.01）。

对照组38例，服药2个月后，甘油三酯平均下降12.4 mg%，下降幅度5.3%（P<0.01）。

冠心平组22例，服药2个月后，甘油三酯平均下降89.2 mg%，下降幅度32.9%（$P<0.01$）。

以3组甘油三酯下降值相比，燕麦组与对照组有显著差异（$P<0.05$），燕麦组与冠心平组无显著差异（$P>0.05$），详见附表1.2。

附表1.2　3组治疗对血清甘油三酯的影响

组别	例数/例	平均年龄/岁	服药前平均值/mg%	服药1个月后平均值/mg%	服药2个月后		
					平均值/mg%	下降值/mg%	下降幅度/%
燕麦组	286	55.1	281.6 ± 8.2	249.4 ± 8.8	234.3 ± 7.6	47.3 ± 5.9▲▲★	16.7
对照组	38	50	235.5 ± 14.6	206.8 ± 14.9	223.1 ± 15.0	12.4	5.3
冠心平组	22	54.4	270.7 ± 25.2	166.4 ± 20.4	181.5 ± 19.5	89.2 ± 20.2▲▲★★	32.9

注：与服药前比较，▲▲$P<0.01$。

与对照组比较，★$P<0.05$，★★$P<0.01$。

三、3组治疗对高β-脂蛋白血症的影响

本组共有高β-脂蛋白血症220例，其中燕麦组185例，对照组24例，冠心平组11例。

燕麦组185例中，男114例，女71例，年龄42～74岁，平均年龄54.9岁。服用前血清β-脂蛋白平均值为1 039.7 mg%，服用1个月，β-脂蛋白下降有125例，占67.6%，平均下降95.3 mg%，下降幅度9.2%（$P<0.001$）；服用2个月后，β-脂蛋白下降有148例，占80%，平均下降159.7 mg%，下降幅度15.4%（$P<0.001$）。

对照组24例，服药2月后，β-脂蛋白平均下降138.9 mg%，下降幅度13.5%（$P<0.05$）。

冠心平组11例，服药2月后，β-脂蛋白平均下降191.4 mg%，下降幅度18.7%（$P<0.05$）。

以3组β-脂蛋白比较，燕麦组与对照组无显著差异，燕麦组与冠心平组也无显著差异（$P<0.05$），详见附表1.3。

附表1.3　3组治疗对血清β-脂蛋白的影响

组别	例数/例	平均年龄/岁	服药前平均值/mg%	服药1个月后平均值/mg%	服药2个月后		
					平均值/mg%	下降值/mg%	下降幅度/%
燕麦组	185	54.9	1 042.7 ± 14.2	950.2 ± 22.6	883.0 ± 71.1	159.7 ± 15.5**	15.4
对照组	24	56.0	1 010.5 ± 48.6	912.0 ± 33.1	893.9 ± 38.3	117.2 ± 38.1*	13.5
冠心平组	11	54.4	1 039.1 ± 75.2	823.6 ± 54.3	847.7 ± 57.3	191.4 ± 65.8	18.7

注：与服药前比较，*$P<0.05$，**$P<0.01$。

四、3组治疗对高密度脂蛋白胆固醇的影响

本组重点分析在β-脂蛋白增高的患者中燕麦及其他治疗对高密度脂蛋白胆固醇的影响。

其中燕麦组114例，对照组22例，冠心平组10例。燕麦组平均年龄55.7岁。服用前血清高密度脂蛋白胆固醇均值为46.3 mg%，服用1个月后，均值上升0.9 mg%，服用2个月后，均值上升4.0 mg%，上升幅度8.6%（$P<0.05$）。

对照组22例，服药2个月后，高密度脂蛋白的胆固醇平均值上升7.1 mg%，上升幅度16.1%（$P>0.05$）。

冠心平组10例，服药2个月后，高密度脂蛋白的胆固醇平均值上升9.5 mg%，上升幅度22.4%（$P>0.05$）。

以燕麦组与对照组比较，无显著差异（$P>0.05$），详见附表1.4。

附表1.4　3组治疗对高密度蛋白胆固醇的影响

组别	例数/例	平均年龄/岁	服药前平均值/mg%	服药1个月后平均值/mg%	服药2个月后		
					平均值/mg%	下降值/mg%	下降幅度/%
燕麦组	114	55.7	46.3 ± 1.0	47.1 ± 1.4	50.3 ± 1.3	4.0 ± 1.1*	8.6
对照组	22	56.0	44.1 ± 2.6	50.0 ± 4.0	51.2 ± 3.3	7.1 ± 4.7	16.1
冠心平组	10	54.7	42.4 ± 4.7	47.7 ± 3.8	51.9 ± 4.1	9.5 ± 3.5	22.4

注：与服药前比较，*$P<0.05$。

五、燕麦对继发性高脂血症及合并肝、肾疾病或糖尿病患者的疗效

本组235例服用燕麦的高胆固醇血症患者中有71例合并有肝、肾疾病或糖尿病，此71例患者可能为由这些疾病所致的继发性高脂血症。也有一部分可能为原发性高脂血症合并有上述疾病。我们将此71例列为一亚组，称“继发组”，与同组内无上述疾病的另一亚组称“原发组”164例相比较。结果显示，2组平均年龄及平均血清胆固醇值相近，“原发组”为55.3岁296.7 mg%，“继发组”为54.2岁303.5 mg%。经2个月治疗，“原发组”胆固醇含量下降49.4 mg%，下降幅度为16.6%，“继发组”胆固醇含量下降37.0 mg%，下降幅度为12.2%，2组无显著差异（$P>0.05$）。

本组286例服用燕麦的高甘油三酯血症患者中有75例属“继发组”。经分析，“原发组”平均年龄为56.2岁，服用前平均甘油三酯为265.6 mg%，而“继发组”52.0岁333.9 mg%。服用2个月后，“原发组”甘油三酯下降47.6 mg%、下降幅度为17.9%，“继发组”甘油三酯下降86.8 mg%、下降幅度为26.0%，2组有显著差异（$P<0.05$）。

本组185例服用燕麦的高β-脂蛋白血症患者中，有63例属“继发组”。“原发组”平均年龄及治疗前平均值为55.1岁991.5 mg%。“继发组”为54.5岁1 133.5 mg%。服用2个月后，“原发组”下降158.1 mg%，下降幅度为15.9%；“继发组”下降547.0 mg%，下降幅度为21.8%，2组无显著差异（$P>0.05$）。

此外，在部分病例中观察到，服用燕麦后血脂下降，停服后不久又上升，再服用后，血脂又下降的现象。如一例男性高胆固醇脂血症患者，服用前胆固醇275 mg%，服燕麦1个月后，降至213 mg%。后因外出停服3周，胆固醇又升至254 mg%，再服用3周（间断）又降至240 mg%。另有一个病例，第1个月血脂下降不明显，第2个月燕麦加量至100 g/日，血脂即有明显下降。

六、服药反应及副作用

本组绝大多数病例对燕麦耐受良好，有少数病例在服燕麦初期有轻微胃肠道反应。其中以胃部不适（6例）、上腹隐痛（3例）、恶心（1例）为主，

继续服用或将燕麦减半分2次服用，或水煮时稍长，或停数日后再服用，则不适症状消失，均不影响治疗。部分便秘患者服后大便通畅，有一例自觉服用后面部潮红，约1 h消失，此外未发现其他副作用。

讨 论

1980年，中国农业科学院作物品种资源研究所在整理、鉴定，分析引进与征集燕麦资源时，发现我国山西雁北地区燕麦含有多种不饱和脂肪酸（其中亚油酸约占40%）及皂苷C素。并且蛋白质含量及8种必需氨基酸含量均比一般的稻米、小麦多1~2倍。其中精氨酸与赖氨酸的比值为1.7，而此2种氨基酸比值接近的食物具有降脂作用，鉴于燕麦的营养成分，它应当有降低血脂的作用。

1963年，Groot D. E.先在新断奶的白化老鼠中观察到燕麦有明显的降血脂作用，继而在21名健康男性志愿者中作进一步观察。发现服用燕麦3周，血胆固醇有明显下降，停服燕麦2周后，血胆固醇又回升到接近原水平。分析其机制认为：降脂作用约有一半是由于燕麦中相当高的不饱和脂肪酸成分所致，另一半是由于非脂肪部分所致，其脂肪部分的降胆固醇作用与玉米油的作用相当。

为验证燕麦的作用，1981年起，燕麦降脂作用研究协作组进行了一系列临床观察及动物试验，初步证明燕麦具有较好的降脂作用。如一组104例报告，发现燕麦降脂作用90天的效果比45天明显。90天时，血胆固醇、甘油三酯、β-脂蛋白分别下降到35 mg%、52 mg%、135 mg%。

为进一步准确评价燕麦的临床疗效，以利推广和开发，进行了本次临床研究。

本次研究，采用统一的方法和标准进行病例筛选和观察记录。对选中的病例按机械随机方法进行分组，设有燕麦组、对照组和冠心平组。血脂测定方法按世界卫生组织标准化要求，各院派专人到北京心肺血管医疗研究中心血脂标化室学习和标化。观察过程中，有定期的抽查和质控。

结果表明，燕麦组在1个月及2个月的疗程中对胆固醇、甘油三酯及β-脂蛋白均有明显下降作用，其中2个月的疗效较1个月显著。与以前的结果相符，2个月的结果分别下降到40.4 mg%，49.2 mg%及159.0 mg%，显著差异。

而空白对照组除β-脂蛋白2个月疗程下降有显著差异外（$P<0.05$），其余各项治疗前后均只有轻度变化，无显著差异（$P>0.05$），以燕麦组与空白对照组相比，2个月治疗后，胆固醇与甘油三酯均有显著差异（$P<0.05$），但β-脂蛋白下降值经统计学处理无显著差异（$P>0.05$），其原因与冠心平组例数较少有关，若扩大病例，有可能出现差异。

近来高密度脂蛋白胆固醇被认为有预防动脉粥样硬化的作用，其血清浓度与个体发生冠心病的危险性呈逆相关。3组经2个月治疗后，血清高密度脂蛋白胆固醇均有上升，冠心平组及对照组上升幅度较燕麦组大，但因例数过少，3组比较，无显著差异，此问题值得进一步探讨。

临床上，部分高脂血症病人由肝、肾病变，糖尿病或甲状腺功能低下所引起的继发性高脂血症，或单纯合并有上述疾病，此种病人在本组中占26.2%~34.0%，由于合并其他脏器疾病，使降脂药物的使用受到限制或需慎用。而本次研究表明，燕麦对这类患者有同样显著的降脂疗效，在降甘油三酯方面，“继发组”疗效比“原发组”更为明显，并有显著差异（$P<0.05$），其原因可能与燕麦有丰富的蛋白质及相对较少的糖类有关。

据国内外经验，在人群水平上开展降脂治疗有不少困难，除了药物来源及费用问题外，一些有确切降脂药物，其远期效果也不满意。如WHO对安妥明的一项前瞻性对照研究，发现安妥明虽能降血脂，减少冠心病及心肌梗死发病率，但服药组的总死亡率却增高了，该小组认为这主要是由于药物的副作用所致。因此，以调节膳食或以粮食作物来降血脂被认为是最理想的方法。Turpeinen报告，以植物油作为膳食中脂肪的主要来源，在12年随访中，冠心病死亡率显著下降，总死亡率也有所下降，但后者统计学上未达到显著水平。Hjermann在奥斯陆的研究中观察到，通过调节膳食组成和戒烟，可使血清胆固醇下降13%，冠心病患病率减少一半。

综上所述，经前后三轮临床观察，特别是本次有较严密的随机对照及质量控制研究，证明燕麦具有明确的降低血清总胆固醇、甘油三酯和β-脂蛋白作用，并有一定的升高血清高密度脂蛋白胆固醇的作用。对原发性与继发性高脂血症均同样有效，对继发性高甘油三酯血症疗效更优于原发性高甘油三酯血症。本品有丰富的蛋白质及必需氨基酸，副作用小，可长期服用。此为一般临床常用降脂药所不具备，我国燕麦资源丰富、价格低廉，可为今后临床医疗，人群防治中开展降脂治疗，为动脉粥样硬化、冠心病、脑卒中等主要心血管病的原发预防提供一种理想的药品。

主持单位：中国农业科学院作物品种资源研究所
北京心肺血管医疗研究中心
北京市海淀医院

协作单位：北京医院　协和医院
北医三院　北医人民医院
中医研究院西苑医院　北京市积水潭医院　宣武医院
北京中医学院东直门医院
中医研究院广安门医院　北京市第二医院　北京市公安医院
北京市第一传染病医院　北京大学校医院
天坛医院　友谊医院　北京市第六医院

附录2

存档

北京市卫生防疫站

食品卫生质量鉴定证书

编号：

检单位 中国农科院品质所

址 白石桥路30号

话 890851

系人 陆大彪

检日期 87.7.

样品名称 燕麦保健片

件数 贰件

取样场所 送样

代表数量

请鉴定原因：

新产品鉴定

鉴定结果及处理意见：

基本符合北京市保健食品管理办法所规定的条件和要求，同意试产试销。该单位需取得卫生许可证后方可生产。并按照食卫生标准做到检验合格出厂

食品卫生监督员 王建康

单位盖章

87年 8月

附录3

燕麦保健片科学技术鉴定会纪要

1987年8月26日，燕麦保健片科学技术鉴定会在中国农业科学院召开，会议由中国农业科学院作物品种资源研究所主持。参加会议的有中国食品工业协会、中国食品工业技术开发总公司、卫生部保健局、北京市委宣传部卫生处、大同市星火制药厂、轻工业部发酵工业科学研究所、北京市防疫站、农业出版社、北京市海淀医院、中日友好医院、北京医院、北医三院、协和医院、北京大学、中央民族学院以及人民日报、光明日报、健康报、中国卫生信息报等23个单位共51人，中国农业科学院名誉院长金善宝同志和中国农业国际交流协会原副会长兼中国农科院原副院长任志同志也参加了会议。

会议的主要目的是从燕麦保健片的科学性、实用性和社会经济效益等方面，论证其批量生产的可行性，中国农业科学院作物品种资源研究所副所长江朝余同志向与会专家、教授、学者及食品卫生界和新闻界的同志们致欢迎词。

燕麦保健片技术鉴定委员会由何慧德（主任医师）任主任委员，李志媛（高级工程师）、杜寿玢（主任医师）任副主任委员。委员有：郭普远（主任医师）、潘瑞芹（主任医师）、祝志新（主任医师）、王敏清（主任医师）、董长城（主任医师）、黄筱声（工程师）等同志组成。

燕麦降脂作用研究协作组负责人陆大彪同志，就本课题的提出依据和研究的经过作了简要说明，燕麦的医用研究是从1980年提出的。从1981年到1985年，我们先后与北京市海淀医院等22家组成燕麦降脂作用研究协作组，通过三轮临床研究和4次动物试验证明：燕麦保健片对高脂血症患者有良好的预防和治疗作用，燕麦保健片的原料是从1 500份燕麦资源中筛选出的一种经无公害种植的优质裸燕麦。

北京市海淀医院副院长宣清华同志详细介绍了燕麦保健片应用于临床的效果，通过给577名高血脂患者服用燕麦保健片，2个月后的结果表明，燕麦保健片有明显的降脂作用。特别是对继发性高脂血症及合并肝、肾疾病及糖尿病患者有较好的疗效。

北京市海淀医院孟昭光大夫作了燕麦片的动物试验研究报告，试验结果指出，燕麦对控制血脂升高有很强的作用，特别是抑制胆固醇的上升效果极佳。用高脂饲料加普食的大白兔，胆固醇从几十毫克升高到600多毫克，且血管腔狭窄，并用燕麦加高脂饲料的大白兔胆固醇仅升高到100多毫克，同时心肌切片的血管腔也基本正常。试验还发现，燕麦还具有提高高密度脂蛋白胆固醇，防止动脉粥样硬化，相对大幅度降低对血管有害的低密度脂蛋白胆固醇，保护血管的作用。北京大学梅慧生副教授作了燕麦降脂机理研究报告。

北京市卫生防疫站徐继康同志提出了宝贵意见，通过检验，燕麦保健片基本符合国家食品卫生标准，今后在生产中要注意保证原料的优质和营养价值。

鉴定委员会的专家们在听取了课题主持人、临床试验、动物试验和燕麦降脂机理研究报告后，进行了审议。一致认为：燕麦保健片对人体降脂效果显著，对糖尿病及习惯性便秘等病症均有良好的效果，且无副作用，属一种新型保健食品。长期服用燕麦保健片，不仅能防病、治病，且能增加营养，选择优质裸燕麦作为保健食品，这在国内外尚属首创。

专家们一致建议有关单位尽快批准生产燕麦保健片，投放市场，以满足社会需要。

最后，中国食品工业技术开发总公司总经理罗文同志作了重要讲话。他指出：燕麦保健片的试验是成功的，这项成果对人们的健康是有益的，相信燕麦保健片会被更多的人所接受，建议有关部门在保证燕麦原料质量的基础上同意生产。

燕麦保健片鉴定会秘书组

1987年8月27日

附录4

科学技术鉴定证书

(87)农科品资(科)字第56号

燕 麦 保 健 片

中国农业科学院作物品种资源研究所

一九八七年八月二十六日

科学技术鉴定证书

(87) 农科品资(科)字第56号

名称：燕麦保健片

研制单位： 中国农业科学院作物品种资源研究所

北京市海淀医院

山西省大同星火制药厂

北京医院

协作单位： 北医人民医院、北医三院、北京中医学院附属第一医院、北京市公安医院、北京市第二医院、北京市第六医院、北京市积水潭医院、协和医院、宣武医院、天坛医院、友谊医院、北京大学、中医研究院西苑医院、中医研究院广安门医院、中国农科院门诊部、北京市第一传染病医院

组织鉴定单位： 中国农业科学院作物品种资源研究所

鉴定日期： 一九八七年八月二十六日

一、科研成果简要

燕麦保健片是以优质裸燕麦为原料，经科学加工而成（不加任何添加剂）。此种裸燕麦是从1 500余份燕麦品种中筛选出来的特殊品种，并在高寒地区经无公害种植。产品经市防疫站检验，大肠杆菌、黄曲霉菌、坤等杂质均符合国家食品卫生标准。

此种裸燕麦具有很高的营养价值，与大米、白面相比，其蛋白质含量高1～2倍，人体所必需的8种氨基酸高出1倍左右，赖氨酸高1倍以上，脂肪含量高出1～5倍，并含有大量的不饱和脂肪酸。同时优质裸燕麦的亚油酸、油酸含量分别占不饱和脂肪酸的45%以上，仅亚油酸一项可占籽粒重量的3%左右，50克优质裸燕麦就相当于15丸"益寿宁"的主要成分。此外，维生素E的含量也高于大米、白面。

目前，许多国家都将燕麦作为保健食品。我国古医学将燕麦用于产妇催乳，治疗婴儿营养不良、年老体弱等症。

1980年，中国农业科学院品种资源研究所提出了燕麦降低血脂的研究课题。1981年起先后与22家医院和单位合作，进行了三轮临床研究，4次大白兔、大白鼠动物试验，结果如下。

（1）三轮临床研究证明。优质裸燕麦对降低胆固醇、β-脂蛋白和甘油三酯均有显著效果。其中，试验组胆固醇平均下降40.4 mg%，对照组平均下降9.1 mg%；试验组甘油三酯平均下降47.3 mg%，对照组只下降12.4 mg%；试验组β-脂蛋白平均下降159.7 mg%，对照组只下降117. 2 mg%，差异显著。

同时，临床研究还进一步证明，优质裸燕麦具有提高高密度脂蛋白胆固醇，防止动脉粥样硬化的作用，相对大幅度降低对血管有害的低密度脂蛋白胆固醇。

（2）动物试验证明。

①大白兔组：燕麦具有明显抑制血脂升高的作用，特别对抑制胆固醇的上升有显著效果。用高脂饲料加普食饲喂大白兔，其胆固醇由几十毫克升高到六百多毫克；而进食高脂饲料加燕麦，只能使胆固醇升高到100多毫克，二者相差400多毫克，燕麦抑制胆固醇升高的作用是十分显著的。

②大白鼠组：燕麦降脂的治疗效果与目前临床上广泛应用的降脂药安妥

明（冠心平）相比，具有同等的水平，二者均能显著阻止胆固醇、β-脂蛋白和甘油三酯三项血脂水平的升高，与进食高脂组相比，平均下降30%左右。

③大白鼠组试验还表明：燕麦对肝重没有明显影响，而降脂药安妥明却明显地使肝肿大、增重，并有使体重减轻趋向。肝肿大是安妥明等化学合成降脂药的一种毒副作用，长期服用这种降脂药，会损害身体，甚至引起致癌后果。而长期服用燕麦则无毒害，安全可靠，效果显著，这是化学合成药物所不及的。

上述研究充分证明，燕麦具有显著降低血脂的作用，其降脂效果可以和目前临床主要降脂药安妥明相媲美，且长期服用无毒副作用，不但可广泛用于临床，而且更应成为预防高脂血病的理想保健营养食品，这是具有双重功效的优质燕麦保健片。

随着人民生活水平的提高，动物性脂肪摄入量增加，高血脂患者也随之增多，而血脂过高会引起动脉粥样硬化，尤其在中、老年人群中，还将导致冠心病、脑血管意外等病症的发生。这将给人民健康及社会带来很大威胁。因此，本项成果对增进人民健康和治疗高脂血症具有重要现实意义。

将燕麦保健片推广应用，定会产生巨大的社会效益和经济效益。

二、鉴定意见

燕麦保健片是利用燕麦降脂研究的科研成果，以无公害种植的优质裸燕麦为原料，通过科学方法，精心加工而成的一种新型保健食品。经动物试验和临床观察，对人体降血脂效果显著，总有效率达87%，对糖尿病及习惯性便秘等病均有良好的效果，且无副作用。燕麦营养成分比大米、白面高，长期服用燕麦保健片，不仅能防病、治病，还能增加营养。选择优质裸燕麦作为保健食品，在国内外尚属首创。

燕麦多产于老、少、边、贫山地，资源丰富，它的开发还可以为农民开辟一条致富新路，现在燕麦片加工设备也已研制出来，产品经食品卫生检查部门鉴定合格。

鉴于上述情况，与会专家一致认为，燕麦片保健作用的科学依据充分，降血脂等效果显著，社会效益很大，也必将带来一定的经济效益。因此，与会专家一致建议批准生产燕麦保健片，投放市场，满足社会需要。

鉴定委员会：何慧德　郭普远　祝志新　李志媛　杜寿玢　黄筱声
王敏清　董长城　潘瑞芹

一九八七年八月二十六日于北京

三、组织鉴定单位审查结论

同意鉴定委员会对燕麦保健片的鉴定意见。

一九八七年八月二十六日

四、主要技术文件

（1）医用燕麦降脂研究总结（中国农业科学院作物品种资源研究所）
（2）燕麦降脂作用的临床研究报告（燕麦医用研究协作组）
（3）燕麦对家兔动脉粥样硬化的影响和形成（北京市海淀医院）
（4）燕麦保健片加工工艺（中国农业科学院作物品种资源研究所）
（5）燕麦保健片检验证书（北京市卫生防疫站）

燕麦保健片
技术鉴定委员会委员名单

职 务	姓 名	单 位	职 称	签 字
主 任	何慧德	卫生部老研所顾问	主任医师	何慧德
副主任	李志媛	轻工业部食品发酵研究所	高 工	李志媛
副主任	杜寿玢	协和医院营养部	主任医师	杜寿玢
委 员	郭普远	北京医院党委书记 卫生部老研所所长	主任医师	郭普远
委 员	潘瑞芹	中日友好医院副院长	主任医师	潘瑞芹
委 员	祝志新	卫生部老年研究所分所所长 水利医院院长	主任医师	祝志新
委 员	王敏清	卫生部保健局局长	主任医师	王敏清
委 员	董长城	中南海保健处副处长	副主任医师	董长城
委 员	黄筱声	中国食品工业协会	工 程 师	黄筱声

附录5

中国作物学会

（88）作学字第18号

对《关于成立医用作物协会申请报告》的批复

本会遗传资源研究委员会医用作物学组：

你们的《关于成立医用作物协会申请报告》经1988年6月21日本会第四届在京常务理事会第二次会议审议批准，同意成立“中国作物学会医用作物协会”。希望你们今后广泛团结医用作物科技工作者，加强横向联合，为推动医用作物科技进步，促进生产发展，作出应有的贡献。特此函复。

一九八八年六月三十日

抄报：中国科协学会部、中国农科院办公室

抄送：中国作物学会遗传资源研究委员会、北京市公安局海淀分局、卫生部北京老年医学研究所

附录6

燕麦的降脂作用和机理

吕耀昌
中国农业科学院作物科学研究所

摘要：燕麦不但营养价值高，而且是国际公认的具有医疗保健作用的食物。国外大量试验结果表明，燕麦具有降低血脂、控制血糖等作用。20世纪80年代以来中国农业科学院联系协和医院、北京大学第一医院、北京安贞医院等18家医院进行了动物试验，临床观察，证明“世壮”牌燕麦保健片具有明显降低血清胆固醇、甘油三酯和β-脂蛋白的作用。

最新的研究表明，燕麦降脂的功效与燕麦中的β-葡聚糖、燕麦脂肪中的不饱和脂肪酸和燕麦的蛋白质有关。β-葡聚糖是燕麦降脂最有效的成分。

燕麦降脂的机理主要基于燕麦中的β-葡聚糖溶于水时具有黏性特征，在食用后增加了胃肠道中待消化物的黏性，从而减少了胃肠道对胆固醇和胆汁酸的吸收。此外，β-葡聚糖被肠内细菌发酵生成的产物可抑制体内胆固醇的合成。

燕麦中的β-葡聚糖含量高于小麦、水稻等作物。我国1 010份裸燕麦品种中β-葡聚糖含量范围为1.9%~7.8%。中国农业科学院经多年选育得到的降脂燕麦品种中燕1号兼有高β-葡聚糖（6%），高脂肪（9.8%）和高蛋白质特性（16%），具有更好的降脂效果。

近年来，随着人们的生活水平的不断提高，饮食结构发生了很大的变化。特别是在一些富裕地区，人们片面追求高精度食物，以粮食为主的碳水化合物摄入量明显减少，而动物脂肪和动物蛋白质的摄入量却大幅度上升，从而造成包括胆固醇在内的脂肪酸积聚，导致如肥胖、高血压、糖尿病、癌症和心血管疾病乃至脑卒中等发病率的上升。

美国国立卫生研究院的统计认为，血总胆固醇每下降1%，能降低心脏病的死亡率2%。由于血脂和心血管疾病高度相关，因此，食物对血脂的影响是人类非常关切的问题。试验显示吃素的人体内血脂浓度较低。饮食中的饱和脂肪酸和胆固醇会增加体内血脂的浓度。相反，在食物中增加不饱和脂肪酸和减少胆固醇可以减少血脂。但是，如果长期限制许多食物，这对许多人是不可接受的。作为替换方法，可以直接摄入降低血脂的食物或间接排出脂肪和胆固醇的食物。近年来的科学研究发现燕麦具有降低血脂、预防结肠癌和调节血糖等保健功能。

燕麦也是富含营养的食物。裸燕麦中含粗蛋白质12%~19%，较其他谷类作物高，对不同类型家畜的新陈代谢和消化能量比较结果表明，裸燕麦要优于去壳皮燕麦、大麦或小麦。燕麦的氨基酸组成比小麦、大麦好。燕麦的脂肪含量（3%~12%）比小麦、大麦高很多，主要分布在胚乳中。其中不饱和脂肪酸占大部分，而亚油酸占总脂肪酸的1/3~1/2。此外，燕麦还含有丰富的碳水化合物、维生素、矿物质和食用纤维。正是由于燕麦的这种营养和保健特性，燕麦及燕麦制品越来越受到人们的重视和喜爱。

燕麦的降脂特性

1963年研究人员对小麦、水稻和燕麦的降胆固醇特性进行了一系列的研究，首先发现燕麦能显著降低老鼠和人体的血脂。在以老鼠为对象的试验中，用含有15%氢化脂肪、1%胆固醇和0.2%胆酸来提高血清胆固醇浓度。在饲料中用燕麦片代替小麦淀粉时血清胆固醇浓度下降得最多。在以人体为对象的试验中，让较高血脂的健康人体每天食用含量140 g燕麦的食物3周后，血浆胆固醇浓度平均下降11%。

几十年来科学家进行了许多的相关研究。从1963—1991年15篇有关燕麦片对血脂影响的报道中，有14篇报道称在食用28~140 g的燕麦后，降低了血浆总胆固醇浓度。

有不少报道还报告了燕麦对血浆高密度脂蛋白胆固醇（HDL-C）、低密度脂蛋白胆固醇（LDL-C）和甘油三酯的影响。

Welch对从1978—1991年进行的燕麦片对人体HDL-C、LDL-C和甘油三酯影响的8个研究进行了汇总，结果表明，燕麦片可降低LDL-C，除一个外其他的研究中都提高HDL-C，但对甘油三酯没有显著和一致的结果。

20世纪80年代，由协和医院等北京18家大医院、北京大学、中央民族大学和中国农业科学院组成的燕麦降脂作用研究协作组，分别以动物（老鼠和家兔）为对象，并对高血脂人群进行了一系列燕麦降脂作用的研究，结果表明燕麦有明显的降脂作用。在以老鼠为对象的研究中发现以燕麦和高脂饲料喂食老鼠20天后较之直接喂食高脂饲料，血清总胆固醇、β-脂蛋白和甘油三酯浓度分别降低46.5%、41%和39.4%，而高密度脂蛋白胆固醇提高23.5%。在该试验中还发现燕麦能明显降低肝中总胆固醇。但对肝中甘油三酯的降低效果不明显。在以2.5~3.0 kg的雄性家兔为对象的研究中，燕麦粉和高脂饲料喂食家兔1个月后较之直接喂食高脂饲料，血清总胆固醇降低31.4%。在1981年和1985年2轮有关燕麦对人体血脂影响的临床研究中，高血脂者每天早上食用50 g燕麦片，连续食用90天后血清胆固醇、β-脂蛋白和甘油三酯浓度分别平均下降12.0%~13.5%、16.7%~20.0%、15.4%~16.0%，高密度脂蛋白胆固醇平均提高8.6%。

在燕麦降脂作用的研究过程中常常使用富含膳食纤维和可溶性纤维的燕麦麸。据报道20位高血脂者吃燕麦麸食物21天后，他们的血脂浓度降低19%。研究发现，236人在食用美国心脏病学会推荐的燕麦麸添加食物后血脂降低10%。从1980—1993年37个利用燕麦麸降低血脂研究的结果显示，有35个研究报道减少了血脂，其中，22个显著减少了血脂。研究人员汇总分析了已公布的和未公布的有关燕麦可溶纤维添加食物对血脂浓度的临床评价结果。结果表明，服用燕麦片或燕麦麸与血总胆固醇有显著的负相关。在对有效数据加以分析和剔除混杂的变量后，他们的结论是每天食用约3 g燕麦可溶纤维能够降低总胆固醇0.13~0.16 mmol/L，尤其是对那些高血脂浓度的人（5.9 mmol/L），食用3 g或3 g以上的燕麦可溶纤维可以减少胆固醇（0.41 ± 0.21）mmol/L。

燕麦的降脂成分和机理

燕麦降脂的功效可归因于燕麦中的胶、油、蛋白质，燕麦胶是最有效的成分。

一、燕麦胶（β-葡聚糖）

燕麦胶也就是燕麦的可溶性纤维。它是水溶性的，生成黏性溶液。β-葡聚糖是燕麦胶的主要成分（占燕麦胶的70%~80%）。最新的科学研究证明，食用纤维特别是水溶性纤维虽然不为胃肠道内源酶消化利用，但对人类保健有独特的作用，因此，食用纤维被认为是除蛋白质、脂肪、碳水化合物、维生素、无机盐和水之外的第七种必需营养素。

就食用纤维和心脏病死亡率之间的相互关系，研究人员在南加利福尼亚人口中进行了为期12年的调查。报道表明，每天增加6 g食用纤维的摄入量会减少25%的心脏病死亡率。

在研究人员的许多试验中强烈地表明燕麦中可溶性纤维是燕麦降脂的有效成分。在最初的试验中，使用了含10%纤维的果胶、瓜儿胶或燕麦麸喂老鼠。结果显示，这3种纤维都降低血清和肝胆固醇浓度。尽管燕麦麸中可溶性纤维小于总纤维的50%，果胶、瓜儿胶比燕麦麸的效果只稍好一点。在随后的研究中将燕麦麸、果胶和燕麦胶（从燕麦麸中提取，含66% β-葡聚糖）比较，果胶降低血清和肝的胆固醇浓度最多，其次是燕麦胶和燕麦麸。用5%燕麦胶（80% β-葡聚糖）的饲料喂老鼠有效地降低了老鼠血清胆固醇的浓度。

以鸡为试验对象的研究表明，燕麦胶同样有很好的降脂效果。在研究中将燕麦麸分成5个部分：油、蛋白、淀粉、胶、不溶物。然后将这些成分分别加入食物中喂鸡。结果发现，原来的燕麦麸和用分离物重新混合得到的燕麦麸都有同样好的降低胆固醇浓度的效果，含2.6%或3.4%燕麦胶的食物有很好的降脂效果。淀粉、油和不溶物添加食物降脂效果不显著。

为了确定燕麦胶中降脂的有效成分。研究人员比较了普通燕麦麸、纤维素的降脂作用。试验中用β-葡聚糖酶处理燕麦麸，将葡聚糖解聚至寡聚糖，添加到食物中去，喂养3组10只雄鼠3周。试验结果表明，含有酶处理过的食物造成最高的血脂和LDL-C。Behall等研究了23个轻度高血脂者交叉食用含有1%和10% β-葡聚糖的2种食物5周后血脂的变化。他们发现食用这两种食物的人胆固醇总量和LDL-C浓度都显著降低。而食用葡聚糖酶浓度较大的食物时，人的总胆固醇浓度更大，这是因为β-葡聚糖被β-葡聚糖酶降解的缘故。研究的结果表明，燕麦中的β-葡聚糖是燕麦降脂的有效成分。

燕麦和燕麦麸中总的食用纤维分别为7.3%～12.1%和15%～19%。燕麦和燕麦麸中的可溶性纤维分别占食用纤维总量的40%～50%和35%～50%。国外发表的燕麦中β-葡聚糖含量在1.8%～6.8%，美国零售的燕麦片中β-葡聚糖含量为4.3%～4.6%。近来我们测定的我国1 010份裸燕麦品种资源中的β-葡聚糖浓度为1.9%～7.8%，北京特品降脂燕麦开发公司专用降脂燕麦（中燕1号）中的β-葡聚糖含量为6%。燕麦中的β-葡聚糖是葡萄糖苷键以不同连接方式连接的，β-1,3和β-1,4-D-吡喃糖基的比例是1∶2.6，其分子量为（2~3）$\times 10^6$。它可以分为水溶和水不溶的2种类型，水溶性的部分占β-葡聚糖总量的80%左右。

在谷物中，大麦和燕麦中的β-葡聚糖含量较高，普通淀粉和蜡质淀粉大麦中β-葡聚糖的含量分别为4%～6%和5%～8%。裸大麦中的可溶性β-葡聚糖占β-葡聚糖总量的26%～50%。其他谷类作物中的β-葡聚糖含量都较低：黑麦1%~3%，水稻、高粱、小黑麦和小麦则小于1%。

燕麦中的β-葡聚糖主要分布在糊粉层中，在胚乳中的β-葡聚糖含量较少。根据这一特性加工的燕麦麸因含有更多的β-葡聚糖，具有更好的降脂等保健效果。为了保证燕麦麸的质量，1989年美国规定燕麦麸的食用纤维含量至少占16%，β-葡聚糖至少5.5%；德国规定燕麦麸的食用纤维含量至少占18%，β-葡聚糖至少7%（干物质）。

二、燕麦胶的降脂机理

1. 胆固醇、胆汁酸吸收的减少

燕麦胶和另一些可溶性纤维溶于水时具有黏性特征。食用了这些物质后，增加了胃肠道中待消化物质的黏性。通过减少总的消化性或代之末端消化的方法能够减少食用脂肪和胆固醇的消化和吸收。研究人员使用老鼠作试验发现燕麦片或燕麦胶增加小肠内待消化物的湿重、水分含量和黏度，在实验室条件下的试验表明，通过增加燕麦胶的浓度逐渐减少小肠对胆固醇的吸收，可以断定小肠中黏度的增加能对食用燕麦制品的降脂效果起作用。

胆汁酸是胆固醇的代谢产物，因此，胆汁酸在新陈代谢中的变化可以影响胆固醇的状况。我们知道，胆汁酸到达小肠能帮助脂肪消化。当食用燕麦时，燕麦的水溶性纤维（β-葡聚糖）在肠中能形成胶状物将胆汁酸包围。由于胆汁酸被包围，很多胆汁酸不能通过小肠壁再吸收重回到肝脏，而是通过消化道被排出体外。因此，当肠内食物再需要胆汁酸时，肝脏只能再代谢胆固醇以补充胆汁酸，于是降低了血中的胆固醇。以老鼠为对象比较了燕麦麸和纤维素，正如预料的那样，燕麦麸食物不仅显著降低血浆胆固醇的浓度，而且明显增加胆汁酸的分泌和在粪便中的浓度。研究人员观察到预先喂食燕麦麸的老鼠以酸性甾醇（胆汁酸）形式C-胆固醇排出的比例大于预先喂食纤维素或小麦麸。因此，增加胆固醇的分解代谢及胆固醇代谢产物的排出仍然是食用纤维降脂特性的可行机理。

2. 抑制胆固醇的生物合成

可溶性纤维到达大肠后经肠内的细菌发酵，快速分解为短链脂肪酸，例如，丁酸、丙酸和乙酸，生成后的这些脂肪酸易被吸收。据报道丙酸和乙酸在实验室条件下能够抑制胆固醇的生物合成。研究显示老鼠吃了0.5%的食用丙酸后减少了血脂浓度。研究人员发现在食用燕麦麸后人体血清乙酸浓度也提高了。

有证据表明，胰岛素或另一些包括胃肠道的激素能够减少胆固醇。很多研究证明燕麦和燕麦制品中的β-葡聚糖可以减少饭后血浆胰岛素的响应。胰岛素则能激活β-羟基-β-甲基戊二酸单酰辅酶A还原酶（HMGCR）这种胆固醇生物合成速率限制酶的活性。膳食纤维减少了碳水化合物的吸收和胰岛素的分泌，因此，能间接地减少肝脏合成胆固醇。

三、燕麦酯

燕麦酯包含燕麦的脂肪，即燕麦油。尽管主要的脂类成分是甘油三酯，但脂类还包括脂溶性维生素，大部分是生育酚。其中，有维生素E活性的生育三烯酚和其他微量成分可能具有意义。在谷物中，燕麦中的α-生育三烯酚浓度（11.0~12.8 mg/kg）和大麦（12.9 mg/kg）差不多，但比小麦（2.4 mg/kg）、玉米（0.8 mg/kg）高很多。

在燕麦对胆固醇影响的早期研究中，使用老鼠作模型。这种研究表明，燕麦酯成分和非燕麦酯成分都具有降脂活性，是等效的。但随后用鸡做试验的结果表明，燕麦油没有降脂作用。然而近年来更多的以老鼠为对象的试验表明，燕麦麸的降脂作用涉及燕麦酯。且在有的研究中发现尽管和小麦麸相比，燕麦麸有降脂作用，但从燕麦麸中提取燕麦胶后这种作用就失去了。研究显示α-生育酚和α-生育三烯酚能够影响试验动物的胆固醇状况，认为它们可能是谷物中调节胆固醇的成分。然而研究人员认为不能将他们观察到的这种效果归因为生育酚和生育三烯酚含量的差异，因为当将燕麦麸酯加入小麦麸或将它重新混合至燕麦麸时，不能恢复降脂作用。有关燕麦酯的降脂作用还在进一步的研究中。在其他的相关研究中已表明不饱和脂肪酸（如亚油酸）会降低血脂。

和其他谷类相比，燕麦中含油量（3%～12%）和不饱和脂肪酸所占的比率都较高，而亚油酸占总脂肪酸的1/3～1/2。北京特品降脂燕麦开发公司生产的降脂专用燕麦脂肪含量（9.8%）高，因此，含有的不饱和脂肪酸多，这也许是中燕1号具有良好降脂特性的一个因素。

四、蛋白质

在Welch等的试验中，含4.5%和6.0%分离燕麦蛋白的鸡饲料具有明显的降低血浆胆固醇的作用。食用蛋白对血浆胆固醇的影响是不一样的。和动物蛋白相比，植物蛋白生成更低的胆固醇，而在植物蛋白中，籽豆蛋白生成更低的胆固醇浓度。在温带作物中燕麦是很独特的，因为，它含有高浓度的在生物化学上和主要籽豆蛋白（大豆球蛋白）类似的球蛋白。所以燕麦和豆类蛋白具有相似的降低胆固醇的特性。燕麦麸比燕麦片降脂效果更好这一点也支持了燕麦胶和燕麦蛋白的作用，因为在燕麦麸中β-葡聚糖和蛋白质含量都很高。

总之，燕麦具有显著降低血浆总胆固醇和低密度脂蛋白胆固醇的作用，燕麦β-葡聚糖是燕麦降脂的主要有效成分，燕麦酯和燕麦蛋白质也是可能的降脂因子。当时北京特品降脂燕麦开发公司生产的降脂专用燕麦（中燕1号）兼有高β-葡聚糖（6%）、高脂肪（9.8%）和高蛋白（16%）特性，具有良好的开发、应用前景。

附录7

中国裸燕麦β-葡聚糖含量的鉴定研究*

郑殿升[1]　吕耀昌[1]　田长叶[2]　赵　炜[1]
（1中国农业科学院作物科学研究所；2河北省张家口地区农业科学研究所）

摘要： 对来源于中国13个省（区）1 010份和国外引进的4份裸燕麦品种（系）进行了β-葡聚糖含量的鉴定研究。结果表明，中国裸燕麦β-葡聚糖含量为2.0%～7.5%，其中含量<3.00%的占6.61%，3.00%～4.99%的占86.4%，5.00%～5.99%的占5.72%，≥6.00%的占1.18%。按品种类型划分，地方品种的含量低于育成品种（系）。按来源地划分，河北、山西、内蒙古的含量较高，云南、贵州、四川的含量较低，而陕西的含量最低。同年不同地点或相同地点不同年份种植的相同品种（系），含量有一定的变化（0.27%～0.83%）。在鉴定中筛选出一批高β-葡聚糖品种（系）。本研究不仅为燕麦高β-葡聚糖育种提供了理论依据和物质基础，而且为降脂燕麦保健片的生产提供了优良品种。

关键词： 裸燕麦；β-葡聚糖；含量

燕麦是禾本科燕麦族燕麦属（*Avena* L.）的一年生草本作物，也是重要的农作物之一。世界上栽培的燕麦主要是普通燕麦（*A. sativa* L.），其次是东方燕麦（*A. orientalis* Schreb）、地中海燕麦（*A. byzantina* koch）和裸燕麦（*A. nuda* L.）。前3种的籽粒带稃（壳），称为带稃型或皮燕麦，后者的籽粒不带稃，称为裸粒型或裸燕麦。国外主要种植皮燕麦，而在中国主要种植裸燕麦，其次是皮燕麦。裸燕麦在中国俗名有莜麦、玉麦、铃铛麦等[1]。

---

a　本文发表于《植物遗传资源学报》，2006年，7卷1期，54-58页。

当今，国际上已公认燕麦具有医疗保健作用，是医食同源作物，能降低血脂[2]、控制血糖、减肥和美容，并且有润肠、通便、预防结肠癌等作用。因此，燕麦被美国食品和药品管理局（The food and drug administration，FDA）于1997年正式批准为保健食品。在中国1985年陆大彪、洪昭光等对北京市18家医院1 000名高脂血症病例进行临床观察。结果表明，每日服用燕麦片50 g，2个月后，血液中的胆固醇、甘油三酯分别下降40.4 mg/dL（−13.5%）、47.3 mg/dL（−16.7%），而高密度脂蛋白胆固醇则上升4.0 mg/dL（+8.6%）。此疗效与降血脂药物冠心平无显著差异，并且无任何毒副作用，这一优点是降血脂药物不可比拟的[3，4]。

关于燕麦降血脂的机理，专家们的意见不尽相同。有些专家认为由于燕麦含有较多的β-葡聚糖的作用[2]；有些专家则认为由于燕麦含有较多的亚油酸的缘故[3]。目前，国际上比较倾向于前者的意见。鉴于此，我们开展了中国裸燕麦β-葡聚糖含量的鉴定研究，试图揭示中国裸燕麦种质资源β-葡聚糖含量的多样性，同时，筛选高β-葡聚糖种质资源，为燕麦品质育种和开发利用提供物质和理论基础。

一、材料和方法

1. 供试品种（系）和繁殖种子

从全国各燕麦生态区的13个省自治区，选取1 010份裸燕麦品种（系），另选4份国外品种，见附表7.1。其中，地方品种883份，育成品种（系）131份，它们具有广泛的代表性[4]。

附表7.1　供试品种（系）的份数及类型

省份	育成品种（系）	地方品种	合计
山西	36	563	599
内蒙古	28	133	161
河北	61	35	96
甘肃	2	40	42
陕西	0	28	28
青海	0	17	17

（续表）

省份	育成品种（系）	地方品种	合计
黑龙江	0	8	8
四川	0	22	22
云南	0	16	16
贵州	0	17	17
宁夏	0	1	1
吉林	0	1	1
西藏	0	2	2
外引	4	0	4
总计	131	883	1 014

所有供试品种（系）在河北省张家口坝上地区农科所种植繁殖种子，部分品种也在北京种植繁种。试验地中等肥力水平，田间管理同大田。

2. 鉴定方法

每份品种（系）选取20 g有代表性的籽粒，粉碎并过40目筛。β-葡聚糖的分析采用酶测定方法[5]和近红外测定方法[6]。用酶法准确测定燕麦中β-葡聚糖的含量，并将其中77个β-葡聚糖浓度呈均匀分布的样品在近红外分析仪上定标，确定预测方程并测定待测样品中的β-葡聚糖的含量，然后对测定结果中β-葡聚糖含量>5%和<2%的样品用酶法重新进行测定。

（1）酶法的测定原理和方法

测定原理：样品经由NaOH处理并用酸中和后，用经纯化处理的纤维酶将样品中的β-葡聚糖降解成葡萄糖，用葡萄糖氧化酶—过氧化物酶方法在分光光度计上测定生成的葡萄糖。

测定方法：①在25 mL具塞刻度试管内称入200.0 mg样品，用0.4 mL 50%酒精润湿，加入10.0 mL浓度为1 mol/L的NaOH溶液，在混匀器上混匀。在20℃放置16 h，用1 mol/L的HCI溶液中和至中性，转移至50 mL容量瓶中，并用水稀释至刻度，在离心机上以高于4 000 r/min的速度离心。

②在2支10 mL具塞刻度试管内分别加入0.4 mL样品滤液，对1支作样品分析的试管加入0.2 mL经纯化处理过的纤维酶液，在另一支用于空白测定，加

入0.2 mL 0.05 mol/L的醋酸钠（pH值=4）缓冲液；在作试剂空白和酶空白的管内加入0.4 mL的水，并分别加入0.2 mL醋酸钠缓冲液和0.2 mL经纯化的酶液；在作标准的4支管内各加入0.4 mL葡萄糖工作标准液（其葡萄糖含量分别为40 μg、80 μg、120 μg、160 μg）和0.2 mL醋酸钠缓冲液。在上述所有的试管内加入0.4 mL 0.05 mol/L琥珀酸钠（pH值=5.5）缓冲液，盖上塞子并摇匀后置40℃水浴保温3 h。

③在所有试管中加入5 mL葡萄糖显色液，并于40℃水浴保温40 min，取出（放暗处）10 min后在分光光度计510 nm处测定吸光度。

④*β*-葡聚糖含量的计算，*β*-葡萄糖含量（%，干基）=$C\times50\times$（1/0.4）$\times$ $100\times0.9/$（$W\times1\ 000$）/（$1-A$）$=C\times11.25/[W\times$（$1-A$）]

注：*C*为样品吸光度测定值对应的葡萄糖浓度减去样品空白和酶空白吸光度对应的葡萄糖浓度后的差值；*W*为样品重量（以mg计）；*A*为样品中的水分含量（以小数表示）；0.9为葡萄糖转换为*β*-葡聚糖的因子。

（2）近红外测定原理和方法

原理：基于样品中各化学组分对近红外光的选择性吸收，*β*-葡聚糖含量与光漫反射率之间在一定范围内存在线性关系，经统计计算建立校正方程。

方法：选取*β*-葡聚糖含量呈梯度均匀分布的定标样品40个以上，将其粉碎过40目筛。首先用酶法测定它们的*β*-葡聚糖含量。然后将样品装入测量盒内，在Infra Alyzer 450近红外分析仪上测量这些定标样品的光学数据，经过统计计算确定校正方程。将待测样品粉碎和装入测量盒内，在近红外分析仪上测量*β*-葡聚糖含量。

二、结果与分析

1. 供试品种（系）*β*-葡聚糖含量

鉴定结果表明，供试材料的*β*-葡聚糖含量为2.0%~7.5%，见附表7.2。从附表7.2看出，*β*-葡聚糖含量低于3.0%的品种有67份，占供试品种总数的6.61%，全部为地方品种。含量3.00%~4.99%的有877份，占总数的86.49%，其中地方品种781份占89.1%，育成品种（系）96份占10.9%。含量高于5.0%的品种（系）有70份，占总数的6.90%，其中地方品种、育成品种各为35份；而高于或等于6.0%的12份品种中，地方品种仅占25%，育成品种（系）则占75%。

附表7.2 供试品种（系）β-葡聚糖含量的统计

β-葡聚糖含量/%	品种数/份	占品种总数的比例/%	育成品种（系）/份	地方品种/份
<3.00	67	6.61	0	67
3.00~4.99	877	86.49	96	781
5.00~5.99	58	5.72	26	32
≥6.00	12	1.18	9	3

从上述的数据看出，第一，中国裸燕麦β-葡聚糖含量为2.0%~7.5%。第二，含量低于3.0%和高于5.0%的品种（系）均为少数，两者合计仅占13.51%，而3.00%~4.99%的则占86.49%。第三，随着β-葡聚糖含量的提高，育成品种（系）所占比例随之增加，如低于3.0%的品种中没有育成的；3.00%~4.99%的品种中，育成的仅占10.9%；高于5.0%的品种中，育成的则占50%；而高于和等于6.0%的品种中，育成的则增至75%。

2. 不同年份间β-葡聚糖含量的变化

在北京于2003年和2004年种植相同的10个品种，对2年收获的种子均鉴定了β-葡聚糖含量。同样将24个品种，在河北省张家口坝上地区于2002年、2003年、2004年重复种植，并分别鉴定β-葡聚糖含量，两地不同年份种植的品种β-葡聚糖含量见附表7.3和附表7.4。

附表7.3 10个品种在北京种植不同年份间β-葡聚糖含量的比较

调查时间	2003年	2004年	2年相差
β-葡聚糖含量/%	5.21	6.04	0.83

注：β-葡聚糖含量为10个品种的平均值。

附表7.4 24个品种在张家口坝上地区种植不同年份间β-葡聚糖含量的比较

调查时间	2002年	2003年	2004年	3年相差
β-葡聚糖含量/%	5.12	5.39	4.70	0.27~0.69

注：β-葡聚糖含量为24个品种的平均值。

从附表7.3和附表7.4可以看出，相同品种在同一地点种植，不同年份间其β-葡聚糖含量略有变化。在北京种植，年份间的变化为0.83%；在河北省张家口坝上地区种植，年份间的变化为0.27%~0.69%。

3. 不同种植地点β-葡聚糖含量的变化

2003年分别在北京、张家口坝上地区种植相同的27份品种；2004年同样在北京、张家口坝上地区种植相同的10份品种。分别对供试品种进行了β-葡聚糖含量鉴定，鉴定结果见附表7.5。从附表7.5不难看出，在相同年份不同地点种植的燕麦β-葡聚糖含量有一定的差别。如2003年、2004年两地相差分别为0.29%和0.83%。

附表7.5　同年不同地点种植燕麦β-葡聚糖含量比较

调查时间和地点	2003年			2004年		
	北京	张家口坝上	两地相差	北京	张家口坝上	两地相差
β-葡聚糖含量/%	5.20	5.49	0.29	6.04	5.21	0.83

注：2003年为27份品种的β-葡聚糖含量的平均值；2004年为10份品种的β-葡聚糖含量的平均值。

4. β-葡聚糖含量≥6.0%的品种（系）

本研究从1 014个裸燕麦品种（系）中，鉴定筛选出12个β-葡聚糖含量≥6.0%的品种（系）（附表7.6）。从附表7.6还可以看出，β-葡聚糖含量高的国内品种（系）集中产于河北、山西和内蒙古，这些品种（系）可作为燕麦高β-葡聚糖育种的基础材料。

附表7.6　β-葡聚糖含量≥6.0%的品种（系）

序号	鉴定号	β-葡聚糖含量/%	品种类型	原产地	鉴定年份
1	68	6.02	地方品种	内蒙古	2004年
2	110	6.04	地方品种	山西	2004年
3	206	6.08	地方品种	山西	2004年
4	413	6.21	育成品种	山西	2004年
5	875	6.00	育成品种	河北	2003年、2004年
6	992	6.33	育成品系	河北	2003年、2004年
7	993	6.34	育成品系	河北	2003年、2004年
8	1 034	6.88	育成品系	河北	2003年、2004年

（续表）

序号	鉴定号	β-葡聚糖含量/%	品种类型	原产地	鉴定年份
9	1 035	6.68	育成品系	河北	2003年、2004年
10	815	6.20	育成品种	河北	2003年、2004年
11	1 019	6.40	育成品系	外引	2003年、2004年
12	1 020	6.98	育成品系	外引	2003年、2004年

5. β-葡聚糖含量<3.0%的品种分布

从附表7.2可以看出，β-葡聚糖含量<3.0%的品种共67份，它们均为地方品种。统计表明，除1份国外品种外，其余分布于8省（区），现将分布情况和占各省（区）供试品种总数的比例列于附表7.7。由附表7.7看出，β-葡聚糖含量<3.0%的品种，分布在陕西、山西、内蒙古、云南、四川、贵州、甘肃和黑龙江。然而，从占各自省（区）供试品种数的比例可得知，陕西的燕麦品种β-葡聚糖含量最低，含量<3.0%的品种占本省供试品种总数的75%。其次是我国西南地区云南、贵州、四川3省的燕麦品种，β-葡聚糖含量<3.0%的品种分别占本省供试品种总数的43.8%、23.5%和22.7%。

附表7.7　β-葡聚糖含量<3.0%的品种的分布

省份	品种数	供试品种数	占供试品种数的比例/%
陕西	21	28	75.0
山西	17	599	2.8
内蒙古	9	161	5.6
云南	7	16	43.8
四川	5	22	22.7
贵州	4	17	23.5
甘肃	2	42	4.8
黑龙江	1	8	12.5

6. β-葡聚糖含量5.00%～5.99%品种的分布

本研究中β-葡聚糖含量5.00%～5.99%的品种共58份，其中，河北的14份，山西的29份，内蒙古的12份，甘肃、四川和贵州的各1份，它们分别占本省区供试品种的14.58%、4.84%、7.45%、2.38%、4.55%和5.88%。

三、讨论

（1）本研究的鉴定结果表明，中国裸燕麦β-葡聚糖含量为2.0%~7.5%，这一结果与美国的报道基本一致（2.5%~8.5%）[7]。说明中国裸燕麦β-葡聚糖含量具有丰富的遗传多样性，并且本研究还筛选出一批高β-葡聚糖（>6.0%）种质资源，这不仅为高β-葡聚糖燕麦育种提供了理论依据和物质基础，而且为开发燕麦降脂保健产品提供了优良品种。中国农业科学院北京特品降脂燕麦开发公司生产的世壮牌燕麦保健片[8]，使用的燕麦品种就是高β-葡聚糖品种中燕1号，该品种制作的燕麦片，经北京安贞医院洪昭光教授对72例高脂血症患者临床疗效观察证明，每天食用30~50 g，经8周后胆固醇、甘油三酯和低密度脂蛋白胆固醇分别下降11.2%~12.0%、14.0%~17.4%和10.6%~11.8%；与服用前相比下降均达到显著性差异。

（2）从燕麦品种类型看，总体上地方品种比育成品种的β-葡聚糖含量低，本研究中特别鲜明的例子是，β-葡聚糖含量<3.0%的67个品种均为地方品种；而含量≥6.0%的12个品种（系）中，育成品种占75%。按省份划分，可以看出，陕西省的燕麦品种β-葡聚糖含量最低，含量<3.0%的品种占本省供试品种的75%，而没有1个品种的β-葡聚糖含量>5.0%。相反，河北省的燕麦品种β-葡聚糖含量较高，在含量>5.0%的70个品种中，河北省的有14个，占本省供试品种的14.58%；而在含量≥6.0%的12个品种中河北省的有6个，占50%；在含量<3.0%的67个品种中，没有河北省的品种。山西、内蒙古的燕麦品种β-葡聚糖含量也比较高，在所有含量>5.0%的品种中，占有较大的比例。而云南、贵州、四川3省的燕麦品种β-葡聚糖含量也比较低，含量<3.0%的品种分别占本省供试品种的43.8%、23.5%和22.7%。

河北、山西、内蒙古燕麦品种β-葡聚糖含量比较高，这与该3省（区）燕麦育种取得突出成绩不无关系，本研究结果显示，育成的品种（系）β-葡聚糖含量均比较高。与此同时，也说明这些省（区）的高β-葡聚糖燕麦品种的选育，已经有了良好的基础。

（3）本研究结果揭示了燕麦β-葡聚糖含量，在相同地点不同年份或在相同年份不同地点种植有一定变化，变化幅度为0.27%~0.83%。但是本研究结果也表明，在上述变化中β-葡聚糖含量较高的品种或较低的品种，仍保持它们原有含量的特点，说明这种变化是遗传与环境条件互作的结果。

参考文献

[1] 杨海鹏, 孙泽民. 中国燕麦. 北京: 农业出版社, 1989.

[2] Cuauhtemoc Tarecicio Cervantes-Martinez. Effect of oat soluble fiber on serum cholesterol, in selection of high beta-glucan content in oat grain. USA：UMI, 2000.

[3] 陆大彪. 降脂燕麦研究论文集. 北京: 中国科学技术出版社, 1990.

[4] 中国农业科学院作物品种资源研究所. 中国燕麦品种资源目录（第二册）. 北京: 中国农业出版社, 1996.

[5] 吕耀昌, 王强, 赵伟, 等. 燕麦、大麦中β-葡聚糖的酶法测定. 食品科学, 2005, 1: 180-182.

[6] Henry R J. Near-infrared reflectance analysis of carbohydrates and its application to the determination of (1→3), (1→4)-β-D-glucan in barley. Carbohydrate Research, 1985, 141, 13-19.

[7] Turlongh F Guerin, Patrick M Holme. Recent development in oat molecular biology. Plant Molecular Biology Reporter, 1993, 11(1): 65-72.

[8] 郑殿升. 世壮牌燕麦保健片质量的保证技术. 中国种业, 2000, 1: 31.

附录8

降脂燕麦品种中燕1号临床疗效观察报告

洪昭光 张维君 温绍君
（北京安贞医院）

当前，心脑血管疾病已占人口死因首位，发病率不断上升，发病年龄日趋下降。而高脂血症是作为心脑血管疾病病理基础——动脉粥样硬化的三大危险因素之一，并被认为具有独立的致病作用。流行病学研究表明：人群的平均胆固醇水平与人群冠心病发病率呈高度正相关[1]。在人群内部，个体血胆固醇的高低能有效预测发生冠心病的危险性[2]。因此，控制血脂水平对预防动脉粥样硬化有重要意义。中国农业科学院农业专家在原有科研基础上，参考国外最新研究资料，历经8年试种、筛选、分析，终于选育出具有亚油酸和膳食纤维双优的降脂燕麦品种中燕1号。

本研究旨在观察降脂燕麦中燕1号的调脂效果及不同剂量之间的差异。

一、材料与方法

（1）72例血脂异常患者，年龄在30~70岁，其中男性36例，女性36例。

（2）72例病例随机分为2组。

服用中燕1号燕麦（30 g）组：35例，男19例、女16例，年龄在30～65岁，平均年龄52.23岁。

服用中燕1号燕麦（50 g）组，37例，男17例、女20例，年龄在36~70岁之间，平均年龄51.57岁。

2组间年龄、体重、性别、血脂各项指标差别均无统计学意义。

（3）食用方法：每日50 g或30 g燕麦片加水或牛奶煮熟服用，可以加入咸菜等调味品，连续服用8周，分别于服用前、服用8周后取静脉血各5 mL送检验科测血脂。

（4）统计方法：数据经SPSS 11软件包处理，试验资料以均数±标准差（$\bar{X}$±SD）表示，试验组和对照组治疗前后比较采用配对T检验，2组间比较采用T检验。

注：甘油三酯（TG）：正常人TG的参考范围35～160 mg/dL；胆固醇（CHO）：正常人血清中CHO的参考范围140～230 mg/dL；低密度脂蛋白胆固醇（LDLC）：正常人血清中LDLC的参考范围55～140 mg/dL。

二、入围条件及结果分析

1. 入围条件

胆固醇>230 mg/dL和（或）甘油三酯>160 mg/dL和（或）低密度脂蛋白胆固醇>140 mg/dL。

2. 对全组病例进行分析

（1）对本试验组中TG≥160 mg/dL的病例（39例）进行分析，服用8周后与服用前相比有下降趋势，并有统计学意义（*P*<0.05，附表8.1）。

（2）对本试验组中CHO≥230 mg/dL的病例（47例）进行分析，服用8周后与服用前相比有下降趋势，并有显著性差异（*P*<0.05，附表8.1）。

（3）对本试验组中LDLC≥140 mg/dL的病例（45例）进行分析，服用8周后与服用前相比有下降趋势，并有显著差异（*P*<0.05，附表8.1）。

附表8.1　全组病例降脂分析

血脂三项	服用前/mg/dL	服用后/mg/dL	*P*值
胆固醇（CHO），N=47	257.28±23.53	227.36±23.39	*P*<0.05
甘油三酯（TG），N=39	263.97±119.49	223.25±106.36	*P*<0.05
低密度脂蛋白胆固醇（LDLC），N=45	162.77±15.18	144.53±18.19	*P*<0.05

3. 50 g燕麦组降脂分析

（1）对50 g组中TG≥160 mg/dL病例（18例）进行分析，服用8周后与服用前相比有降低的趋势，并有统计学意义（*P*<0.05，附表8.2）。

（2）对50 g组CHO≥230 mg/dL病例（24例）进行分析，服用8周后与服用前相比有下降趋势，并有显著差异（P<0.05，附表8.2）。

（3）对50 g组LDLC≥140 mg/dL病例（22例）进行分析，服用8周后与服用前相比有下降趋势，并有显著性差异（P<0.05，附表8.2）。

附表8.2 50 g燕麦组降脂分析

血脂三项	服用前/mg/dL	服用后/mg/dL	下降幅度/mg/dL	下降/%	P值
胆固醇（CHO），N=24	254.6 ± 20.11	224.12 ± 19.69	30.5	12.0	P<0.05
甘油三酯（TG），N=18	232.17 ± 58.02	191.61 ± 66.52	40.6	17.4	P<0.05
低密度脂蛋白胆固醇（LDLC），N=22	164.40 ± 16.14	145.00 ± 16.14	19.4	11.8	P<0.05

4. 30 g燕麦组降脂分析

（1）对30 g组中TG≥160 mg/dL病例（21例）进行分析，服用8周后与服用前相比有降低的趋势，并有统计学意义（P<0.05，附表8.3）。

（2）对30 g组中CHO≥230 mg/dL病例（23例）进行分析，服用8周后与服用前相比有下降趋势，并有显著性差异（P<0.05，附表8.3）。

（3）对30 g组中LDLC≥140 mg/dL病例（23例）进行分析，服用8周后与服用前相比有下降趋势，并有显著性差异（P<0.05，附表8.3）。

附表8.3 30 g燕麦组降脂分析

血脂三项	服用前/mg/dL	服用后/mg/dL	下降幅度/mg/dL	下降/%	P值
胆固醇（CHO）N=23	260.08 ± 26.80	230.73 ± 26.75	29.4	11.2	P<0.05
甘油三酯（TG）N=21	291.23 ± 32.78	250.38 ± 27.65	40.9	14.0	P<0.05
低密度脂蛋白胆固醇（LDLC）N=23	161.21 ± 13.60	144.08 ± 20.31	17.1	10.6	P<0.05

5. 体重（kg）

两组病人的体重在试验后均有不同程度的下降，但没有显著性差异（P<0.05，附表8.4）。

附表8.4　两组病人体重分析

	服用前/kg	服用后/kg	P值
全体	74.13 ± 11.77	73.47 ± 12.00	P>0.05
50 g组	77.52 ± 22.27	76.91 ± 22.66	P>0.05
30 g组	70.93 ± 11.52	70.22 ± 11.49	P>0.05

6. 两组间比较

胆固醇、甘油三酯以及低密度脂蛋白胆固醇均没有显著性差异。

7. 高密度脂蛋白胆固醇的分析

服用后高密度脂蛋白胆固醇都有不同程度的下降，但无统计学意义（$P<0.05$，附表8.5）。

附表8.5　高密度脂蛋白胆固醇分析

	服用前/mg/dL	服用后/mg/dL	P值
全体	53.18 ± 13.31	48.45 ± 10.92	P>0.05
50 g组	53.02 ± 12.29	49.05 ± 10.74	P>0.05
30 g组	53.32 ± 14.39	47.89 ± 11.20	P>0.05

三、讨论

燕麦在我国有悠久的栽培历史，其保健价值古人也早有认识。《本草纲目》记载：燕麦具有充饥滑肠的作用。

1963年，Groot D. E.在断奶的白化老鼠中观察到燕麦有明显的降脂作用，继而在21名健康男性志愿者中作进一步观察：发现服用燕麦3周，血清胆固醇明显下降，但停服燕麦2周后，血胆固醇又回升到接近原水平。由于降脂作用明确，燕麦被FDA列为仅有的2种功能性保健食品之一（另一种为大豆），同时还被时代周刊杂志评为十大健康食品第五名。

1985年陆大彪、洪昭光等对北京市18家医院482名高脂血症病例进行临床对照观察。结果表明：服燕麦每日50 g，2个月后，血胆固醇、甘油三酯分别下降40.4 mg/dL（−13.5%）及47.3 mg/dL（−16.7%），而高密度脂蛋白胆固醇则上升4.0 mg/dL（+8.6%，$P<0.05$）。

本次中燕1号燕麦降脂研究表明：中燕1号燕麦有良好的降血胆固醇和甘油三酯作用。在50 g组2个月后，血胆固醇下降30.5 mg/dL（−12%，$P<0.05$）及甘油三酯下降40.5 mg/dL（−17.4%，$P<0.05$）均有统计学上显著意义。由于1985年组血胆固醇的基线值298.7 mg/dL较本组257.3 mg/dL为高，血甘油三酯283.5 mg/dL也较本组264 mg/dL为高，故下降幅度较大，但下降比例则2组相近（−13.5%：−12%：−16.7%：−17.4%）。

这正是中燕1号燕麦的优点之一，因为临床上有些药物或食物对轻度升高的血脂疗效不明显。而中燕1号燕麦不论对轻度或中、重度高血脂均有同样效果。另外，本研究发现，现在30 g燕麦组与50 g燕麦组效果基本相近，虽下降幅度稍有不同，但统计学上无显著差异，方便高血脂人群服用。

流行病学研究表明：血胆固醇浓度每下降1%，冠心病发病率将下降2%，而服中燕1号燕麦2个月后，血胆固醇能下降12%，甘油三酯下降17.4%，因此，对高血脂及冠心病人群的防治将起到巨大作用。同时，中燕1号燕麦还是高纤维食品、无毒副作用，在降血脂的同时还有润肠、通便、预防结肠癌等多种保健作用，因此，降脂燕麦的推广应用，在临床上将有广阔的前景。

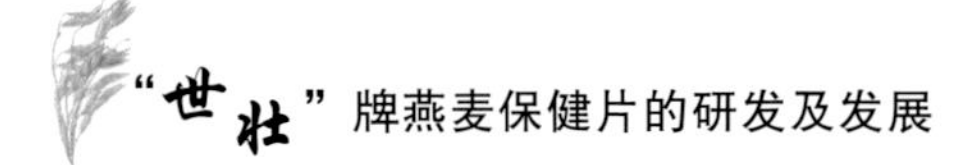

附录9

保健食品注册人名称、地址变更申请审查结果通知书

北京特品降脂燕麦开发有限责任公司：

经审核，你单位提出的受理编号为国食健更 G20190640 的燕麦保健片注册人名称、地址变更申请，符合要求。具体审查意见如下：

经审核，该产品注册人名称、地址变更申请材料符合要求。注册人名称由"北京特品降脂燕麦开发公司"变更为"北京特品降脂燕麦开发有限责任公司"。

2019 年 12 月 18 日

注：如对本审查结果不服，自收到本通知书之日起 60 日内向我局提出行政复议申请，或在 6 个月内向北京市第一中级人民法院提起行政诉讼。